麻省理工教我定義問題、
實做解決、成就創客

MIT

最精實
思考創做力

宮書堯——著

HOW TO DRINK
FROM A FIRE HOSE:
What MIT taught me about innovation,
leadership, and the pursuit of life

推薦文一

走出自己的道路

殷乃平（國立政治大學金融學系教授）

《MIT最精實思考創做力》一書為作者敘述他在MIT求學過程中的點點滴滴，文中凸顯出MIT獨特的校園文化、攻讀博士學位所遭遇到的諸般問題與挫折，以及功成身就、擁有數項專利、在非洲創立並投資兩家公司的反省與感觸。對許多正要到海外留學的朋友或返國的海龜們而言，都值得一讀。

拜讀此書時，我登時回到數十年前獨自赴美留學的景象。當時初抵陌生的地方，時空的互異所感受到的語言、習俗、社會文化的衝擊，以及入學之後教學研究方式、學習環境與學習風氣的不同，都對新鮮人產生了可大可小的不同影響。觀察當時的學子，適應能力不足者多立即進入困境，不過走出來的難道就真的成功了嗎？

不同的校園有不同的學風，ＭＩＴ麻省理工學院開放自由的學術環境以及主導學術理論與實務創業結合，形成一股不同於一般大學的風潮。至二〇一七年，該校已有九十一位諾貝爾獎得主，同時在創業文化下，學生與校友的創業總值估計近兩兆美元，超越世界第十一大經濟體。無論在學術成就與社會貢獻上，都領先多數學校。

本書作者申請進入ＭＩＴ生物工程博士班做的是細胞螢光染料研究，但是在ＭＩＴ的環境下，第一學期結束就去烏干達當義工，研究濾水器技術，結果發現當地人並無此需求而失敗。隨後，規畫低成本的連鎖磚去迦納取代高價水泥磚，最後發現當地使用的是黏土磚，與設想差距極大而無成。但是為奈及利亞缺電醫院設計的手動離心機卻成功了，得到發明獎。此外，他為救護車冬季保溫的設計亦取得了專利。選修行動學習課程去肯亞做民調，返回波士頓前，發現當地以木炭為主要能源，遂起意在發展中國家設計廢物製炭以取代伐木，參加ＭＩＴ全球挑戰競賽得到學生創新競賽獎，同時創業，成立 Takachar 公司以推廣。

但是這些課外的工作與實驗室裡的博士研究卻相互衝突，導致指導教授批判，而指導教授又決定離開ＭＩＴ去接荷蘭研究院所長，迫使作者得做生涯規畫長考，究竟何去何從？他決定繼續經營 Takachar 並先取得碩士資格，再另尋出路。幸好後來在ＭＩＴ找到新的指導教授，以製炭反應爐為博士論文題材，合而為一，方才解決。但是，博士論文的製炭技術如缺乏新意將難以通過。在指導教授多方責難之下，一再修改，最後終於完成，製出機器樣品，獲得學位，並且取得柏克萊國家能源實驗室的支持，認為在歐美大型再生能源、生物燃料、化學合成等領域均可適用。總之，作者前後花了近八年，才在ＭＩＴ修成正果。

難怪在ＭＩＴ畢業紀念戒指後面印有「ＩＨＴＦＰ」，一般學生稱之為「我恨透了這該死的地方」（I hate this fucking place.），但也有人將之美化為比較好聽的說法。不過，作者的經歷頗為坎坷，也只有在ＭＩＴ的環境才能有這種故事。看完後不禁要問各位學子，求學的目的為何？只是拿一個學位嗎？社會上許多高學位者是學非所用，可惜了！人生的道路很長，要走出自己的路來。

推薦文二

令人動容的求學與創業故事

鄭涵睿（綠藤生機共同創辦人、麻省理工史隆管理學院MBA）

第一次見到Kevin，是在麻省理工的Development Ventures課堂，這是一堂探索如何利用創新與技術打造可規模化的商業模式、為世界帶來正向改變的實踐課程。他介紹自己是「熱愛垃圾」的Kevin，同樣來自台灣，與我分享他在非洲創業所遇到的挑戰。

他的故事著實令人動容。

如同書中提到的：「在MIT受教育，猶如從消防栓中飲水。」MIT的校訓是拉丁文的Mens et Manus，意思是心和手，重視並鼓勵學生探索、創新、創業，在現實世界中找到問題，並透過實踐尋求解決問題的可能性，而MIT從不吝惜給予各式資源。對我而言，

Kevin就是如此一位具代表性的MIT大男孩，勇敢、不自我設限，從MIT這個「消防栓」中充分掌握資源，一次又一次踏出自己的舒適圈。

我永遠記得，在二〇一四年畢業前夕，一次與D-Ventures教授及Kevin在查爾斯河畔的Muddy Charles酒吧，喝著兩美元一大壺的便宜啤酒，暢談MIT校友如何透過科技、商業及彼此間的合作，解決世界上正在發生的棘手問題。那次會面給了我許多勇氣。

回到台灣，我利用MIT所學與資源將綠藤打造成一個更理想的公司，而Kevin也將好朋友MoringaConnect介紹給我，透過合作從迦納引進公平貿易辣木油，讓台灣成為打造全非洲最大有機辣木田的重要國家之一。

很幸運地，Kevin有著以中文書寫日記的習慣，也因此我們可以一起透過Kevin，一起從他的第一人稱視野，看看他在MIT八年間的故事與所帶來的啟發。透過《MIT最精實思考創做力》這本書，無論是莘莘學子或社會人士，相信都能從中獲得滿滿的創新泉源。

推薦文三

相信自己是可行的

蔡錕銘（台北張老師基金會副主委）

當我第一次見到書堯，是在我之前銀行上班的辦公室裡。他暑假回家小住，聽他侃侃而談的是在普林斯頓大學的點點滴滴。再次聽到有關於他的消息時，他已進入麻省理工學院（MIT）攻讀博士的路途。我心裡想著：「好小子！膽量不小啊，敢進入世界上超級難念的頂尖學府。」

本人目前擔任「張老師」基金會台北分事務所輔導委員會副主委，「張老師」是台灣第一的本土化青少年輔導機構，成立即將滿五十年，長期關懷生命失意、生活失去目標的年輕人。書堯在MIT的歲月中所淬鍊出的非凡成長歷程，相對於我們經常面對坎坷失意的青少年，落差竟是如此巨大。《ＭＩＴ最精實思考創做力》這本描述書堯人生奮鬥歷程的書，非常值得用來鼓勵時下的莘莘學子們：生命的旅程分分秒秒都要細細品嚐，事情的挫敗、不順遂都只是為了創造下一個機會的開始，只要戮力奮戰不懈，等待適當的時機到來，必定能像書堯一樣開花結果。

他在書中提到一位陌生教授肯定的一句話「我相信！」，亦可用來鼓勵所有青年人，是的！我覺得可行，你可以。

本書是書堯在ＭＩＴ八年的點點滴滴，有遇到轉換跑道的危機、有徬徨無依的恐懼，以及為了實踐心中的使命感而奮鬥不懈的小故事，有血有淚，不乏成功的愉悅，更有挫折的心酸，讀來有如身歷其境，轉承啟合間融入其中，共同分享他的喜怒哀樂，體驗他在ＭＩＴ的人生教育歷程，令人手不釋卷。其中，為了實踐自我理念鍥而不捨地去爭取機會、去尋求奧援，以及如何在絕處尋求機會、克服困難、昂首闊步，值得讀者們一窺究竟。

ＭＩＴ的人生教育真是海納百川，也讓我見識到它的消防栓確實非同凡響，將一切不可能化為可能，深感佩服！

推薦文四

看見ＭＩＴ的精髓

劉嘉睿（國立臺灣大學生物科技研究所教授兼所長）

麻省理工學院（Massachusetts Institute of Technology, MIT），一所享譽世界的研究型大學，這裡的師生校友包括了九十一位諾貝爾獎得主、六位菲爾茲獎（Fields Medal）得主、二十五位圖靈獎（Turing Award）得主，被公認為當今世界上最頂尖的高等教育機構之一。

多少人夢寐以求想進入ＭＩＴ求學而無法如願，但透過《ＭＩＴ最精實思考創做力》作者生動的描述，不僅可以一窺ＭＩＴ的堂奧，更讓人彷彿身歷其境般跟隨作者的腳步，一路從懵懂的新生淬鍊為成熟的創業家。本書不僅訴說著一個笑淚交織的成長與奮鬥故事，更深刻地描述著ＭＩＴ的精神與靈魂。

「那個可以使我登峰造極的能力，其實一直存在我的內心深處，而ＭＩＴ卻透過不同的方法或管道幫助我發掘它，把它從心底深處激發出來。」這就是ＭＩＴ讓人脫胎換骨的方法，沒有驚奇的魔法讓人在一夕之間從麻雀變鳳凰，而是透過鼓勵學生「探索、創新、創業」的三部曲，扎實地教導學生如何在真實世界中發掘問題與機會、提出解決方案，進而創造出新的機會，一步一步踏上創業家之路。

「要在現今這個多變的社會能闖出一片天，這無異是最重要的本領了。」作者在ＭＩＴ經歷漫長的八年才淬鍊出這樣的本領，但是讀完這本書，即使沒有進入ＭＩＴ，也能夠學得它最深奧的精髓。讓我們一起跟著作者學會坦然面對失敗，再從失敗中學習，終而邁向成功的創業家之路！

推薦文五

堅持理想的標竿

戴宏全（宏全國際股份有限公司董事長）

這又是一位在異鄉發光發熱的台灣之子的求學奮鬥成功的例子。

我與宮書堯的父親認識多年，偶爾在聚會中，我們都會聊及書堯在加拿大及美國求學生活的點滴，間接了解到他是個品學兼優、才華洋溢的青年。直到兩年前參加了書堯的婚禮，以及最近拜讀了書堯的《ＭＩＴ最精實思考創做力》後，才對他攻讀ＭＩＴ博士八年的教育過程及其人生經驗有了完全不同的認識及感觸。

ＭＩＴ過去給人的印象，像一座高不可攀、與世隔絕的學術象牙塔，透過書堯生動活潑、詳實敘述其個人寶貴的求學經驗，讀者能夠從字裡行間領悟到MIT培育獨特人才的教育環境，是跟科技未來發展脈動緊密接軌、和解決人類的需求與時並進。就像〈前言〉所言：「在MIT受教育，猶如從消防栓中飲水。」研究生可以盡情享用MIT取之不盡的豐富資源，猶如取飲消防栓用之不竭的水源。

MIT的精實工程教育著重於作者所提的三個主軸：「探索、創新、創業」，當研究生發現一個真實世界的需求，能面對問題手腦並用，並且腳踏實地地研發改善，甚至能夠突破創新。解決現實世界面臨的問題，才是一位真正優秀的工程師及創業者，而非不食人間煙火的 Rocket Scientist（高人）！這也是MIT校徽所代表工匠及哲學家並用，傳授給學生如何在二十一世紀生存的法則。

本書令人印象深刻的是MIT的實務課程 D-Lab，即運用適用的科學技術（appropriate technology），在發展中國家做實際應用的工程。D-Lab 的核心在於「發展、設計、創業」，首要目標是探索與學習，透過和當地人的對話中找出真正的問題及解決方法。

書堯多次參與MIT全球挑戰競賽（IDEAS Global Challenge Competition），這是針對公共服務的創新，每年在MIT學生間舉行的激烈競賽，他和團隊每次都能脫穎而出，得了三次大獎。就學期間遠赴非洲的烏干達、肯亞、迦納和印度的偏遠地區，在烏干達做太陽能爐及沙濾水器，在迦納做樂高積木型的連鎖泥磚，在奈及利亞做出手動離心機。在繁忙的學期中，他更參加了MIT救護車隊，開發高CP值的車內溫控系統。

在商學院的行動學習方案課程（Action Learning）中，他也擔任史隆的顧問團，進入肯亞奈洛比貧民窟的診所面談蒐集資料，以及在鄉村建蓋簡易洗澡間。後來洗澡間造就了肯亞一間頗有名氣的廁所公司 Sanergy，是一個獲得商業化經營成功的案例。書堯在ＭＩＴ必須克服諸多研習挫折及挑戰，是一段讓人感到奇特及艱辛的求學經驗！

而他攻讀ＭＩＴ博士學位並非一路順遂，歷經了指導教授的更替及研究主題的選擇，身心承受了高度競爭的同儕壓力和徬徨辛苦的逆境過程，從他真情敘述的章節裡，令人讀來心情也隨之起伏，感同深受。書堯從研修艾咪教授的 D-Lab 課程中，多次到肯亞研究廢棄物製炭的技術，開始把創新及創業結合，最終發展出博士論文的研究主題。歷經了千辛萬苦，他終於獲得ＭＩＴ博士學位，並贏得印度 Tata 集團的資助及合作，持續開發商用型的炭化反應爐。這個獨步全球、銜接地氣的技術，將能解決許多開發中國家的能源需求及環保再生的迫切問題，未來可用及再生能源的發展必定潛力無窮。

放諸天下，子女教育的成功與否，父母的態度與想法是一大關鍵。尤其我們在東方傳統的文化影響下，讓子女為了學業研究而去非洲及亞洲第三世界國家實習、受苦受難，其實是需要妥協及勇氣的。書堯本人能堅持理想，不畏艱辛而甘之如飴，並且獲得家庭成員的支持，實在令人敬佩激賞。

書堯是個文質彬彬、知書達禮的年輕人，有顆讓人感受到無限熱情、關懷社會的壯志雄心。在他的海外求學生涯中，奠定了他堅忍不拔、剛毅求真的性格，值得現代年輕人學習與效仿。僅在此祝福他現正戮力以赴的博士後志業，在加州柏克萊國家能源實驗室（Lawrence Berkeley Laboratory）的 Cyclotron Road 計畫，能為再生能源、生物燃料及化學合成等產業的發展做出貢獻。

衷心期待書堯百尺竿頭，更上一層，造福人群，成為未來的台灣之光！

MIT最精實思考創做力｜目錄｜

麻省理工教我定義問題、實做解決、成就創客

PART 1 基礎及探索

PART 2 危機及轉型

PART 3 創業及論文

麻省理工教我定義問題、
實做解決、成就創客

MIT
最精實
思考創做力

前言

MIT百年經典名言——從消防栓中飲水

MIT有個傳說，大約在三十年前，一群學生在期末考惡作劇，把考場外面的飲水器連接到一個消防栓上。這個惡作劇的靈感來自更古老的MIT經典名言：「在MIT受教育，猶如從消防栓中飲水。」

二〇〇九年九月，我在接受MIT的新生訓練，一位學長嘴角帶著微笑，跟我們講的第一句話就是這句名言。

可能是初生之犢不怕虎，那時我心中只覺得好奇：美國高等學府的教育，例如MIT，會是一種什麼樣的體驗？

我剛進MIT時，以為「消防栓中飲水」這句話代表的是一種高壓、填鴨式的工程教育，功課和考試都很多，學生每天都必須挑燈夜戰。在大學念物理系時，我就是這樣一路走過來的，所以早就習以為常。

資源豐富，多元體驗

但我從ＭＩＴ研究所畢業時，發現研究生生活和之前的大學生活截然不同，並沒有每天被逼著念書。然而「消防栓中飲水」這話代表的卻是另一種涵義：ＭＩＴ各種不同的資源實在太豐富了。ＭＩＴ沒有逼迫學生做什麼，而是不管學生想學什麼，ＭＩＴ幾乎可以支援。我主修的生物工程系有將近六十位教授，有著五花八門的研究興趣和領域。若在本科系沒有找到感興趣的研究，有些科系在適當的條件下，也會允許學生去該科系找研究導師。

而在學生的研究上，大部分的教授都是鼓勵學生探索自己的興趣。有很多教授會帶業界的合作夥伴來，和學生討論一些讓業界十分頭痛的工程問題，看學生有沒有興趣作為論文研究。教授們和學生發明新的解決方法之後，也常常一起並肩創業，使其發明商業化。而我走的路比較不同，是在創業中找到一個值得作為博士研究的問題，ＭＩＴ也盡可能在此過程中支持我。因此，我的研究從一開始便是一個業界實務和理論之間的對話。

這種多元化及實務性並不限於所投入的研究項目，還包含研究以外的活動。例如今天若想嘗試當管理顧問，便可和商學院的學生組隊，實地幫助開業診所擴展他們的業務；明天若想開救護車，可以報考ＭＩＴ救護車隊，還可親自改進救護車上的設備；後天若想去非洲創業，ＭＩＴ有錢贊助，可將所做的事情發表在刊物上。上述這些事情都是我的親身經歷。

ＭＩＴ是以創新和理工聞名於世，因此很多人可能以為它成功的原因就是課堂上十分注重複雜的理論。但我發現這並並非主因，從以上幾個例子看來，我認為ＭＩＴ教育的重點是鼓勵學生從現實生活作為起點的一種工程教學。

與現實生活接軌

在真實世界裡，ＭＩＴ的學生學會聆聽各種不同的聲音，常常在過程中發掘一些值得解決的問題。當學生發現真實世界的需求，並針對問題加以研發改善，那麼ＭＩＴ的工程教育便具意義，因為工程的初衷就是為了解決現實世界的問題。許多時候，學生處在與真實世界脫軌的情況下，他們憑著想像、投入無數心血後所設計出來的創新，最多也只是自己空歡喜一場，實質並未成功解決任何問題。

然而，當學生針對一個真實問題做出工程設計時，做出來的不只是創新，更可能促進世界的進步與改變。因此這些年來，我就看到許多來自各國的學生，入學時只對某些方向有興趣，但在ＭＩＴ強大資源的支持下，激發出他們潛在的創造力和潛能，教導他們如何領導自己和他人並實現夢想，同時幫助解決世界上不同的危機及挑戰。

我也看到許多新生剛入學時，絕大部分沒有創業興趣或相關經驗，但畢業時，至少有一大半以上的學生都嘗試過或至少認真思考過創業，百年傳承下來，已在美國和全球造就了三萬多家公司，如英特爾（Intel）、德州儀器（Texas Instruments）、基因泰克（Genetech）、

Dropbox等。根據最近的調查，由ＭＩＴ所衍生出來的公司總盈餘相當於全球第十大經濟體的國內生產總值（提供四百六十萬名員工就業機會）。❶

我認為這就是ＭＩＴ教育的非凡之處。所謂「消防栓中飲水」並不是ＭＩＴ為學生提供了什麼魔術配方，而是它重視且鼓勵學生努力探索、創新與創業，始終如一地堅持這個理念，並竭力實踐。

可是，這種教育理念對學生有什麼幫助呢？

在二十世紀，有些人受教育的目的是要得到足夠的技能，以便將來找一份鐵飯碗工作，穩穩當當過一生。到了二十一世紀，這樣的工作依舊存在，但隨著時代更迭，整個職場已出現重大變化，要謀得一份可以終老的職業愈來愈困難。現在，我們必須更積極地為自己的生涯做規畫，為自己找到合適的機會。

ＭＩＴ這個「探索、創新、創業」三部曲，就是教會學生如何在真實世界中找到適合自己的機會，並提供解決方案，甚至創造出新的機會。要在現今這個多變的社會能闖出一片天，這無異是最重要的生存技能了。

全方位激發潛能

我有辦法證明以上所說的一切嗎？

我不是社會學家，也沒有拿ＭＩＴ與其他學校畢業生加以比較，所以本書的目的不是要以科學方法來證明ＭＩＴ教育的特點。經歷八年ＭＩＴ博士教育洗禮，我想要藉由本書分享我在ＭＩＴ的發展和學習過程，讓大家了解這所學校的文化及其獨特的教育方式。

剛入學ＭＩＴ時，我只是個懵懂的純理論科系學生，只會解方程式，沒有任何實務工作經驗，對創業及管理毫無興趣，對工程設計也一無所知，不知道自己將來要做什麼。但我心想，既然ＭＩＴ錄取了我，花個幾年時間去念一個博士學位應該不會出錯吧?!到我畢業時，我已經徒手打造了自己管理的實驗室和測試儀器，在美國申請了三項發明的暫時專利，並在東非的肯亞幫忙創立、投資了兩家公司。過程中我和各種不同的人打交道，從街頭的拾荒者到政府高層的內閣祕書長，這是我當初入學時完全意想不到的一段人生旅程！

剛進ＭＩＴ時，除了歐美幾國，我對於其他國家的發展幾乎懵懂無知。然而ＭＩＴ把我送到了非洲、印度等地去和當地機構往來，建立長久的合作關係。除了微積分和機械設計，我也學會粗淺的史瓦希利文和印地語。

剛進ＭＩＴ時，我對自己十分沒自信，除了知道自己是乖寶寶型的書呆子，我認為自己就是個不會交朋友、沒有領導能力、做事優柔寡斷的人。這或許與我早年在台灣接受的教育模式有關，我對於長者和教授都十分恭敬，認為他們有一切的答案，因此我只要遵從他們的建議、爭取他們的贊同，那麼凡事都能一帆風順，也可以使自己登峰造極。但畢業時，我發現那個可以使我登峰造極的能力，其實一直存在我的內心深處，而ＭＩＴ卻透過不同的方法或管道幫助我發掘它，把它從心底深處激發出來，只是最後的成敗得由自己承擔。

❶ 參 http://web.mit.edu/innovate/entrepreneurship2015.pdf。

此外，剛進ＭＩＴ時，我只是個二十出頭的天真年輕人，懷有雄心壯志。我一直以為，盡量讓自己在ＭＩＴ的消防栓中暢飲不同的機會，讓自己的人生五彩繽紛，便是達到成功的不二法門。可是我始終不了解的是，我如果不能制訂明確的人生目標，只是一味地跟著這些機會隨波逐流，那麼數年下來，這些經驗終究只是一場夢，對於自己的人生仍十分茫然，也不見得快樂。從ＭＩＴ畢業後，我發現從消防栓中喝水的祕訣不是胃容量要夠大，也不是吞嚥要夠快，而是在浩大的水流中學會拒絕其中可能是一生只有一次的經驗，只選擇其中一小部分細細品嚐，猶如弱水三千，只取一瓢飲之。我發現，儘管這一瓢水再小，它仍包含了整個宇宙的美。而在追溯及揣摩它的過程中，我體驗到的是宇宙中所有能體會到的經驗。

因此，本書不是一本傳授如何考進ＭＩＴ的教戰手冊，也不是專門介紹ＭＩＴ課程及研究方案的指南，而是一篇篇記錄我在ＭＩＴ的博士生涯以對照美國高等教育的經驗。前半段探索ＭＩＴ如何提供學生多元化的資源、機會和人脈，在傳授學術理論教育的同時，也給予學生充分的機會從現實生活中累積實作經驗，在錯誤中學習；後半段討論ＭＩＴ如何運用這些資源，讓我從藉由不同的錯誤及危機處理激發自己的潛力，從而發現、了解自己的使命，並且在現實生活中實踐這個使命，打造目前所擁有的事業。

這本書講的是我在ＭＩＴ的故事，而它說的也正是ＭＩＴ的靈魂。

PART 1

基礎及探索

第一章

沒錯！我屬於MIT

MIT給我的第一印象，是它有一點醜！大部分的旅行團是搭豪華巴士在MIT正門口下車，讓遊客拍照，他們的第一眼是MIT宏偉壯觀的前門。但我不是。

我是個窮光蛋博士研究生，一個月的薪資（在二〇〇九年九月）是兩千四百多美元（約合新台幣七萬五千元）。雖然看起來不少，但光是宿舍房租就占了我稅後薪水一半左右，膳食等生活費又占了約四分之一，唯一的好處是不用自己付學費。

心中的質疑

二〇〇九年九月，我從機場拖著行李來到MIT，坐的不是豪華巴士或計程車，而是地鐵，下車站是肯德爾廣場（Kendall Square）。從地鐵出來，首先映入眼簾的ＭＩＴ校景不是它的正面，而是它的後背。

如今，在我畢業後的二〇一七年，肯德爾廣場已經大幅翻新，但在八年前，廣場旁邊大多是生物實驗室，我就讀的生物工程系也坐落其中。一棟棟六、七層高的大樓，屋頂上方矗立著一叢叢實驗室通風櫃的煙囪。雖然看起來滿新的，但格子狀的建築完全激不起我的興奮感，外觀看起來和別的辦公大樓毫無差別，也沒有什麼ＭＩＴ的特殊標誌。一開始我還以為下錯了地鐵站，心想難道這就是我未來幾年的家嗎？

走了一陣子，史塔特（Stata）研究中心迎面而立。這是一棟十分古怪的建築物，用紅磚及鐵皮所搭建成的九層雙塔，彷彿被巨大機器人的怪手擠壓成歪歪扭扭。樓內彎曲的走道和辦公室，即便我後來在ＭＩＴ生活了八年之久，若要到一樓以上的辦公室和別人碰面，有時仍會迷路。二〇〇九年初秋，站在陽光燦爛的藍天之下，鐵皮反射的陽光使我無法直視眼前的建築物，但仍可感受到它不受拘束的獨特風格。

它的複雜程度，就如裡面的工程師所設計的複雜反應爐或機器人，我看了好幾分鐘，卻總是看不懂它。忽然，我心中冒出了一個疑問：我來ＭＩＴ的選擇是對的嗎？工程對我來說，會不會太複雜了？

在此之前，我從未有過這樣的疑問。當初我拿到ＭＩＴ生物工程系博士班的錄取函時，只覺得興奮無比，家人和朋友也和我一樣雀躍。整個暑假我都在搜尋有關這間學府的資料，非常期待入學。可是當這一刻真的來臨時，我反而感到有些遲疑。我大學念的是物理系，對於工程的接觸少之又少，為什麼會異想天開來申請MIT讀工程呢？

說實話，我對於工程沒有太多了解，若問我當時為什麼要攻讀博士學位，恐怕我連這個問題也給不出一個確切理由。我可能會說，是因為大學的朋友都申請博士班，或因為我覺得工程對以後的生涯規畫可能很實用。不過事後看來，真正的原因其實是我當時不願意承認自己害怕改變。所以大學畢業後不敢到現實世界闖闖看，因此試圖延續已熟悉的學生生活，才會懵懵懂懂進入MIT博士班。

就在質疑自己的同時，我的腦中也出現另一種聲音：我是來這裡學習工程的。所有我不會的，都有世界頂尖的專家可以教我。怕什麼？頓時，我又恢復了原本的好奇心。

找到偶像

我上第一堂新生訓練課時，是位在六樓的一間教室，從教室窗戶往外看，正好就是史塔特研究中心。那天早上離九點還有十分鐘，我是第一個來到那間空蕩蕩教室的學生。等了好一會兒，到了九點零一分還不見其他人來。我開始有點焦急，擔心自己是不是第一堂課就走錯教室？

這時進來一位亞裔人，我跟他點點頭打招呼，他隨即選擇坐在我旁邊。

「你是生物工程系的新生嗎？」他問我。

「沒錯！我叫凱文（Kevin）。」我說。

「我叫查理（Charlie）。我也是新生。」他說。

我和他聊了幾分鐘，發現他是新加坡人。

這時，學生陸續進來了。原來MIT有個五分鐘遲到的定律：九點的課，實際上是九點五分才開始。果然，九點五分整，一位老教授帶著微笑走進來。短暫致詞後，其他學長也來主持他們的新生訓練活動。

新生訓練活動說明了博士班學生的必修課和日常生活，最令人難忘的是一位剛畢業校友彼得（Peter）的致詞。他描述生物工程系的博士生生活對他學術生涯的影響。他的博士論文題目在於研發新的顯微鏡技術，其成果在著名的《自然》（*Nature*）及《科學》（*Science*）期刊先後發表，也在各報紙刊出，並獲邀到世界各地發表成果。畢業後，目前在哈佛醫學院做博士後研究，未來將申請教授職位。

我聽了彼得的故事，非常崇拜他，迫不及待去搜尋他的網站。雖然我才剛來到生物工程系，沒有確切的生涯目標，但當我聽了彼得的演講後發現，我未來幾年的目標就是要像他一樣做出驚人的研究成果，不僅可以成名、周遊各國，還能在名校找到穩定的終生教授職位。

無限長廊，預見無限機會

新生訓練活動後，我已經結交了幾個新朋友。由於我們還沒參觀過校園，一位學長帶領我們去參觀。我們下到一樓，沿著一條似乎毫無止盡的室內長廊走了好久。

「這就是ＭＩＴ有名的無限長廊了。」學長說，「從這長廊不用走出戶外，就可以走到主校園不同的大樓。這在冬天下暴風雪時，你會很感激它的存在！」

無限長廊上平日川流不息的都是成群的學生，他們嘰嘰喳喳地討論著功課，或是研究進展，或是最新的電影。長廊兩旁貼滿了海報，象徵ＭＩＴ可以供應給我無限的機會。我試圖瀏覽它們的內容。

「加入ＭＩＴ樂團！試奏下週二開始。」這個看起來滿有趣的。我愛彈琴也吹長笛。

「你想學會踢你的敵人嗎？跆拳道俱樂部每週一三五晚。」我把時間記下了。我來ＭＩＴ確實需要運動，可以考慮跆拳道。

「有任何想拯救世界的主意嗎？申請ＭＩＴ全球挑戰競賽。」抱歉，我還沒有主意。

「你想贏得十萬美元嗎？」另一張海報寫道。我當然想！「ＭＩＴ創業競賽十月開始接受報名。」這對我來說也太難了。

這時，前面桌上擺了兩大盤義大利麵及一大盤沙拉。旁邊有六、七個學生爭先恐後地去盛裝食物。

「你看到的這個叫做免費食物。」學長一臉嚴肅地說，「ＭＩＴ有許多學生都靠它來填飽肚子。如果你有多餘的食物怕浪費，不用擔心，把它拿到這裡，保證五分鐘一掃而空。」

「ＭＩＴ不同活動的剩食，可以養活多少人啊？」我隨意一問。

「我們可以先從系上一週會舉辦多少個演講計算，再看看有哪些演講會提供免費食物。然後我們可以估算一個代表性的活動會剩下多少公斤的食物……。」有位同學已經開始想辦法計算。

「你不用那麼認真，我只是好奇問問而已。」我插嘴道。

「你要是在ＭＩＴ開口問這類問題，」學長對我說，「就得面對這種狀態。」

ＭＩＴ泡沫

我們走出了無限長廊，繞到查爾斯河（Charles River）。「河對面的高樓就是波士頓市了。」學長說，「我們這裡是劍橋市（Cambridge）。雖然波士頓近在咫尺，但我大概每三、四個月才會過河到對岸去。ＭＩＴ這裡的活動太多了，忙到我懶得過河。它們就像一個個大泡泡把我們與世界隔離。」

「我覺得ＭＩＴ比較像黑洞。」另一位學長用黑色幽默口吻說，「很多人一進來，就永遠出不去了。」

我邊聽邊暗自揣想著：自己會在這裡待多久？

生物工程系的博士班平均研究年限是五年半。大部分新生都是大學畢業後直接入學，不需要先拿到碩士文憑。因此頭兩年有很多時間花在碩士的必修課程，也必須幫教授教一堂大學課程。第一年有一個筆試，到了第三年則有一個口試。

上完前兩年的必修課之後，博士生會在實驗室做全職研究。除了論文的指導教授之外，每個博士生還會搭配一個三到四人的論文委員會。博士生每隔一年左右會和論文委員會成員齊聚討論研究進展，進行三、四次後，委員會可以從論文進度決定學生能否畢業。

當然，也有學生只花短短三年就順利畢業，但也有幾位是十年級的博士生。而我會落在這常態分布的哪個位置呢？

隨後，學長帶我們來到查爾斯河邊，看到了ＭＩＴ歷史悠久的地標性建築，麥克勞倫大圓頂（Maclaurin Building and Great Dome）。這棟白色古典風格建築有十根高聳的圓柱牢牢地支撐著ＭＩＴ白色圓頂地標，展現了對稱、保守之美，和史塔特研究中心截然不同。麥克勞倫大圓頂似乎象徵著工程與創新都必須建立在牢固的基礎之上；映襯著清晨的陽光和蔚藍天空，這棟白色建築物猶如從草地拔升而起，非常莊嚴而壯觀。

「歡迎！」學長說，「你們屬於ＭＩＴ。」

沒錯！我心裡附和著。無論未來多麼艱難或未知，我已經做了決定，不能反悔了。現在，我可以很光榮驕傲地說，我屬於ＭＩＴ！

校園放大鏡
免費食物

我尚未來到ＭＩＴ時，已經在為波士頓的食衣住行煩惱。因為我沒有車，不知道附近有沒有超市？在課業忙碌之餘，三餐要如何自理？所以在去MIT前的暑假，我還特地在台灣學習煮一些容易上手的簡單菜色。爸媽也把一個大同電鍋放進我的行李箱裡。

到MIT之後我很快就發現，其實當地超市和餐廳很多，根本不會挨餓。而在MIT校園裡，還有一種很獨特的「免費食物」文化。

剩食不怕沒有人要

不同的系所每天都會舉辦五花八門的講座或會議，這些活動十之八九都會有免費食物供應。例如我讀的生物工程系，一開始的每週二、四會請教授們來和一年級新生說明實驗室的研究，每次都準備了不同的食物，例如披薩、餅乾、墨西哥薄餅、地中海點心、印度料理……等等。有時吃不完，就放回辦公室的冰箱裡，第二天還可以當午餐吃。

MIT有學生為此寫了個程式，在每個系的網站上自動搜尋有免費食物的活動，每週整理貼文公布在一個網站上。MIT有三個電子郵件群組，包括「資源回收」（reuse）、「免費食物」（freefood）和「禿鷹」（vultures），當活動結束後剩下很多食物時，只要把地點發送到這三個群組，保證十分鐘之內一掃而空。

甚至有學生一整年的三餐全靠免費食物供應，還開了一個部落格把他的維生之道詳細記錄下來。

我有個朋友在MIT媒體實驗室（Media Lab）工作，對於這個免費食物的文化很感興趣，因此在他們實驗室的公共廚房裝了一台攝影機。每當有人把免費食物擺到公共廚房之後，她會去監測那些像喪屍般的手去把食物一搶而空的情景，並予以計時（關於MIT媒體實驗室對於免費食物的記錄，請參 http://www.businessinsider.com/mit-makes-a-food-cam-for-its-kitchen-2016-4）。

她的研究結果發現，最快消失的食物是餅乾和披薩之類，也就是可以用手拿起來直接吃的食物。水果（例如葡萄、草莓等）也十分熱門。若是湯湯水水之類的食物，附近必須擺有盤子或杯子等容器（但也有人會自行攜帶餐盒）；如果沒有容器，有人靈機一動，乾脆把鋁箔紙摺成容器來盛裝。而最不受歡迎的食物（最慢消失的），則是貝果或生菜沙拉這類食物。

在MIT，不用擔心浪費食物

我到MIT的第一年擔任學生宿舍舍監，負責承辦活動。有一次舉辦了一個盛大的烤肉活動，但因為天氣不好，來參加的人不多，最後剩下幾百個正在退冰的肉餅。

我不想浪費食物，於是發出緊急 e-mail，向資源回收、免費食物及禿鷹組求救，說我們宿舍有上百個在退冰的肉餅。

不到十分鐘，馬上就有一堆人回信。我邀了最先回信的人過來。她拿了兩個大垃圾袋，把上百個肉餅全搬走了。雖然她也帶走了很多麵包，但仍剩下上百個。本來我打算丟掉，但直覺決定再等幾天，至少麵包比較不會像肉餅那樣容易腐壞。

過了幾天，那個人回信給我說：「謝謝你們的肉餅！這兩天我們宿舍的十幾個學生，每天三餐都吃得飽飽的。」

「不客氣，」我感到有些不可思議，回信說，「很高興食物沒有浪費掉。」

「你們還有麵包嗎？」她繼續問。

我說還有。結果她又和朋友拿了大垃圾袋把剩餘的所有麵包都扛走了。

「這些我們可以抹上花生醬和果醬來吃。」她說。

「等到麵包風乾變硬之後，」她的朋友說，「還可以當做烤麵包塊摻在沙拉裡面一起吃。」

可以說，在MIT不用擔心會浪費食物。

第二章

和實驗室談戀愛

「找實驗室以及指導教授的過程，就像是和不同的實驗室談戀愛，你必須有一點技巧。」學長這樣告訴我們。「你不一定第一次就談成，因此得有一些後補名單。有時候，你喜歡的實驗室剛好沒錢資助你或是已額滿，你必須多次嘗試。如果某個實驗室否決了你，不要認為是自己的失敗。祝你們好運！」

當時我剛進入MIT生物工程系，和其他新生一樣，正在找實驗室及指導教授做博士論文。說實在的，比起功課或考試，選擇指導教授是最讓人焦慮的事。在生物工程系的學生休閒室裡，牆上掛著一面白板，上面寫了所有新生的名字。只要有新生和指導教授談定了，新生名字旁邊，也會寫上教授的名字。

隨著時間流逝，還沒寫上教授名字的新生則愈來愈恐慌。

選錯實驗室，要分手很難

因為一開學課業繁忙，我入學後等了一個多月才開始找實驗室。我以前做過組織工程學（tissue engineering）的研究，想說對這領域已經有一點經驗了，就用博士研究來更加深入。於是我在MIT的網站找到一些和這方面有關的教授，寫電子郵件給他們，約定見面時間來細談研究方向。

可能是我寫信時機已晚，很多教授都沒回信，一些則表示沒興趣或是沒資金。後來，有位教授在看了我的履歷後，邀我到他的實驗室，請我針對先前做的研究做半小時簡報。「你這個螢光染料到底有什麼了不起的地方？」一位博士後研究生在我講畢之後，馬上質疑我。

教授接著問：「你追蹤細胞的實驗環境設計看起來十分牽強，不知道這對轉譯醫學（translational medicine）有什麼基礎性的貢獻？」我連「轉譯醫學」是什麼都不是很清楚，只好隨便亂答一番。

接下來的一連串問題也問得我不停冒冷汗，讓我覺得之前所做的研究恐怕引不起這個實驗室的共鳴。這個實驗室在看了我的履歷也聽了我的演講後，似乎對我不感興趣。

事後，教授來信說他的實驗室近期沒有這方面的研究資金可以錄取我，但是如果我有申請到外部獎學金，可以再和他談談。雖然他還留著半敞開的門，但要我自己帶錢進來，對我而言，這間實驗室的門無異已經關上了。

最後，有三位教授和我還算「情投意合」。

「這三位教授，我要怎麼決定呢？」我問學長。

「你考慮的不該只有指導教授或是你的研究興趣。你必須考慮到整個實驗室的文化。」學長說，「你和實驗室談完戀愛後就要立刻結婚。這段婚姻起碼長達五、六年，想要離婚可說是非常困難。」

我聽了直冒冷汗。那時我還是個單身漢，對這些一點心得都沒有。怎麼第一次就要叫我和實驗室玩真的？

為了做出決定，我又到這些教授的實驗室和他們的學生詳談一番。最後，我發現：

- 我對A教授的實驗頗感興趣，可是他的學生都叫苦連天，說壓力很大。
- B教授的實驗讓我非常興奮，但他是新來的教授，實驗室也才剛成立不久，一個學生都沒有。
- C教授的實驗則讓我感覺還可以。他已經有終生職位，實驗室很大，約有二、三十個學生，……看起來都滿容易相處。

比較後，A教授馬上就出局了。現在，我得在B教授和C教授之間做出艱難的抉擇。B教授的實驗方向讓我大受鼓舞，但他的學術生涯和成就是一面空白的白板，我如果在他之下工作，得先幫他架設好實驗室，才能做自己的研究。而我也不知道他的研究會不會得到外界的青睞。如果他在四、五年間都沒拿到終生職位而必須離開MIT，我豈不是慘哉？

另外，我也研究了B、C兩位教授發表在期刊上的論文和數量。我發現C教授在《自然》及《科學》這些出名的期刊上發表的文章比B教授多，雖然我對C教授的研究不像我對B教授那般熱中，可是如果我希望像我的偶像彼得一樣成名，與C教授共事可能更容易達成所願。況且，C教授的實驗室一切都已經架設好了，我只需要好好聽他指點，大概就可以做出好的研究了。

最後，我選了C教授。在名譽和熱情之間，我選擇了名譽；在冒險和穩定之間，我選擇了穩定。

這是我在MIT所做的第一個重要選擇。往後幾年，甚至到現在，我仍常想：如果當初選擇了B教授，我在MIT的故事會是什麼樣子？哪些事情會改變？哪些事情不變？甚至會不會出現這本書？

既然我沒有選擇走這條路，如今再去多想也沒有太大意義。然而往後幾年發生的事，我只能感嘆世事無常：有些我以為會發生的事，但從來沒發生過；反而是我完全始料未及的事卻發生了。當初看似穩定的實驗室，過了幾年後也可能變得動盪不安。

實驗也會鬧脾氣，怎麼辦？

加入新老闆的實驗室之後，一開始我是和一位三年級博士生實習，她教我如何培養細胞、加入螢光染料及使用顯微鏡等。

我的老闆是荷蘭人，和我一樣是物理科班出身。自從來到美國做博士後研究，他就一直待下來，興趣也慢慢轉為生物工程。二〇〇九年，實驗室的研究主題是細胞的生長和行為。幾年前，他和一位博士後研究生研發出一種螢光染料，用原位雜交的方式可以看見細胞裡不同信使核醣核酸（mRNA）的分布及數量：每個 mRNA 分子在顯微鏡下，就是一個如星星般的亮點。之後幾年，很多博士生把這個螢光染料技術應用在不同的生物系統上，我則是應用到老鼠模型，觀察老鼠的大腸細胞，研究大腸癌的初始情形。

這是一個生物實驗室，為了拍攝並分析螢光染料在細胞裡的分布情況，顯微鏡是不可缺的儀器。實驗室有五台顯微鏡，每台都有個忍者龜的名字。因為有二十幾個學生排隊等著用，因此大家在實驗室裡常常會為了使用權而討價還價。

「我本來是預約拉斐爾的，」某同事說，「可是它壞了。你願意把你週三的李奧納多和我週二的多納太羅交換嗎？」

「我不喜歡多納太羅，但我願意換你週六的米開朗基羅。」

每個人對「忍者龜」都有不同的偏好。而我做了一段時間實驗、有了心得之後，我確定最喜歡的是李奧納多，透過李奧納多，我培養的細胞影像似乎顯得格外清晰。可是，別人不見得同意。

這究竟是迷信還是科學上的不同，我現在無從考究。我發現，生物學的很多實驗多少會有一些「黑箱作業」，這不僅限於顯微鏡的偏好，也發生在其他實驗現象。例如，一批原本很成功的實驗有時會突然不靈了，花上一、兩個月去確認仍找不出原因。但忽然間，相同的實驗又無預期地馬上靈光了。這究竟是細胞的問題、化學藥品的問題、恆溫箱的問題、螢光染料的問題、顯微鏡的問題，還是天氣的問題，常常無人能解答。

「這樣實驗一下靈、一下不靈，我要怎麼做好科學研究啊？」我問學長。

「實驗靈光時得趕快搜集數據，因為誰也無法預測什麼時候實驗又會突然不靈了。」學長聳聳肩說，「但是隨著實驗經驗的累積，以後再出現不靈的時候，你也會多一些直覺，判斷出大概是什麼原因造成的。」

所以要成為一流的實驗家，「直覺」是很重要的；正確的直覺可以省下很多徒勞無功的實驗或測試。

第一年我因為忙著上必修課，真正花在實驗室的時間並不多，大概每週十小時，進度也有限。後來，我的研究工作漸漸安定下來，在實驗室有了自己的辦公桌，也有自己的研究專案。到了第二年，我逐漸增加在實驗室工作的時間。實驗室成了我的第二個家。

以前，我常常在腦海中想像著，ＭＩＴ的所有頂尖研究都是在一塵不染的高科技實驗室裡進行的，就像科幻電影裡的一樣。我初來乍到ＭＩＴ，第一眼看到的是平凡無奇而且有點醜的建築物，進入實驗室後，發現這裡的景觀也同樣平凡無奇。但習慣之後，在實驗室裡工作便成了我的日常生活之一，我必須承認，日復一日的實驗工作有時是很枯燥乏味的。但每當想起彼得，就會鞭策自己更加努力，才可能做出馳名國際的成果。

有時候，對於能在MIT做研究就讓我感到無比驕傲。例如，早上第一個進到實驗室時，看著我和同事那熟悉又凌亂的實驗桌台，突然有些無法置信：在這裡，就在這個看似平凡的實驗室，我是一位MIT博士生，做著世界非凡的研究！

虛驚一場，考「四十七分」高分

在MIT，第一年的研究生除了找實驗室之外，每學期還要上三、四門課程。生物實驗系有三堂必修課及四堂選修課；三堂必修課中，一堂是教我們如何建構程式模擬，一堂是注重不同生物工程的實驗技術，另一堂則是工程式的分析。除此之外，我也選修了系統生物、生物物理、生物材料及人類病理學。

MIT的工程教育是出名的難。班上通常有十分之一的學生是天才型，很快就完成功課和考試。剩下的學生大略分成兩半：一半是花很多時間做功課及勉強跟上進度的，另一半則是花了很多時間卻成效有限的。由於我在大學是學物理，並沒有很多生物方面的經驗，我對於模擬及工程分析還能跟上進度，但要我硬背從沒用過的生物實驗技術，並靈活地善用在不同的情況，讓我痛苦得很。

記得有一堂課，授課的是一位面容可親的老教授。大考時，教授允許我們可以攜帶小抄，而且不限數量，也可以看課本。翻開考卷時，發現只有四題。每題看似尋常，卻都有稀奇古怪之處。每一題才剛開始解，便絕望地卡住了，如此周而復始，讓我直冒冷汗。一小時很快就過去，最後只成功解了半題。交卷後，看看四周都是驚慌失措的表情，似乎大家都和我一樣，大部分的題目都解不出來，課本及小抄幾乎派不上用場。

那天晚上我一直作惡夢，夢到在那面容可親的教授面前，我一直發呆盯著那張空白的考卷，愈盯愈覺得自己好蠢。最後成績出來，有位天才獲得滿分，但全班的平均分數是三十分，而我得到四十七分。幸好，最後的成績會以班上的平均值為基準往上加，因此拿滿分並不重要，只要比平均值高就可以了。

第一年就這樣在高壓中過去了。五月底，生物工程系要為我們一年級生舉行博士資格考試。這是融合三堂必修課學來的知識，要我們應用到真正的研究題目上。我和同學花了三個星期準備。為了應付考試，我徹底從實驗室消失了三個星期。

經過一整天漫長考試的疲勞轟炸，最後十七位一年級生都過關了。我們在ＭＩＴ的第一年，就在研究、上課和考試中飛快地過去了。

取之不竭的ＭＩＴ資源

在邊做研究邊上課的第一年博士生生活中，體會到了ＭＩＴ「在消防栓飲水」的教育真諦，其意義是ＭＩＴ的資源非常多，不論是對工程或非工程題目感興趣，在這裡幾乎都有可以繼續探索深造的機會。

舉例來說，我有位學長對金融感興趣，因此在獲得生物工程系的核准後去進修了幾堂商學院的課程，當他從生物工程拿到博士學位，也拿到了副修商學院課程的認證。還有一位物理博士生同學很喜歡音樂，會拉大提琴，閒暇時參加了MIT交響樂團，後來還進修作曲，寫了一首名叫〈薛丁格的貓〉（Schrödinger's Cat）的曲子在樂團中演出。

「你從來不會想到要來MIT進修音樂，」他曾跟我這樣說，「可是我發現，MIT音樂系的教育品質不會比其他音樂學院來得差。」

當然，很多博士生一到MIT便有很明確的目標，知道自己的使命以及想研究的主題，因此不會受到任何業餘活動所左右，只要在實驗室專注於自己的研究，很快四、五年後就順利畢業。我很佩服他們的效率。不過，也有很多博士生剛進MIT時仍懵懵懂懂，因為只是一個二十歲出頭的年輕人，還不是很清楚自己真正的興趣與志向。

但這也沒關係，因為MIT消防栓中的水可以充分澆灌這些人心中理想的種子。舉例來說，我讀的生物工程系並未規定一定要有指導教授，而是鼓勵學生在一個學期和不同的實驗室探索之後再做出選擇。而MIT非工程系的課程或活動，例如商學院以及政策（policy）方面的學生社團等等，有時也鼓勵工程系學生來進修或參與。

以我自己為例，我雖然很喜歡我的實驗室，但直覺上覺得自己在實驗室之外還有別的可能性。儘管那時並不清楚這些可能性是什麼，但總想利用課餘時間去探索。接下來幾章，我將說說我在MIT實驗室外的探索，以及慢慢找到使命的過程。

第三章
烏干達，我來了！

「你絕對會後悔的！」前來送行的爸爸如此對我說。我背著沉重的背包，一手拉著鼓鼓的行李箱，獨自一人從桃園機場前往香港、杜拜及衣索比亞轉機，前往非洲的烏干達。這是我第一次到發展中國家當義工。

「好啦！手機一定要開，隨時小心。多拍些相片給我們看。」媽媽說。

兩人都不解，我好端端地在ＭＩＴ讀了一學期，怎麼就跑去非洲？

參加無國界工程師協會

第一學期上課、找實驗室期間，我加入了美國無國界工程師協會的ＭＩＴ分會。這是一個義工性質的人道組織，讓學生利用寒暑假在許多發展中國家（如非洲、印度、中南美等），和當地夥伴進行一些工程援助項目，例如安裝太陽能板、建蓋學校、設計雨水儲水系統……等等。MIT分會有一個在烏干達的案子，幫助一個村落推廣簡單的濾水科技。

我很喜歡旅遊，但從未去過發展中國家，剛進入協會時便想：若這個案子有意思，我可以在寒假（二〇一〇年一月）去烏干達幫忙。當時還天真地以為可以順便免費玩一玩。

我大學念的是物理，對於工程及設計可以說一點概念也沒有。

「你不需要有任何工程經驗。只要願意學，我們都可以教。」面試我的協會人事處長這麼說。

於是，我就這樣懵懵懂懂地加入義工隊伍，也承諾會幫他們研究各種不同的濾水科技；這個村落的飲用水都取自附近的水池，裡面細菌很多，常常會造成痢疾等疾病，因此我們要想辦法改善飲用水品質。

在美國，很多人都是直接飲用從水龍頭出來的水，但台灣喝的水都是用淨水器過濾的，我好奇地想，這種科技難道不能用嗎？

「以前我在家常用一種淨水器。一個約一百美元，使用起來非常簡單，不知能不能帶去烏干達給當地人用？」我問。

「你知道烏干達鄉下家庭的平均收入是多少嗎？」一位去過烏干達的協會員工問我。

「不知道。我猜每個月大概五百美元吧！」我胡亂猜測。

「不對，一天薪資大約一美元。一百美元的濾水器對你來說不算貴，卻是當地人三個多月的薪資！」

我馬上發現自己天真的想法是行不通的。

「況且，」另一個人繼續說，「淨水器濾芯每兩、三個月就得更換。在烏干達找不到這種濾芯的話該怎麼辦？」

這也是我沒想到過的問題。我本來想說「用空運」，但我打算暫時先閉上嘴，回去先好好做功課。

攜帶簡易濾水技術出發

我發現，很多人在發展中國家做工程時都會採用一種稱為「適用技術」（appropriate technology）的觀念，因為很多尖端科技的技術在烏干達等地之所以失敗，是因為價格太高、太大型化、壞了難以修理以及操作複雜。「適用技術」是一種推廣用低價、小規模、本地人可以維修及操作的科技，一旦沒有外來援助和技術人員，當地人還是可以一直使用。台灣用的淨水器就不是一種適用於烏干達鄉下的技術。

我上網搜尋後，發現了兩個我較喜歡的適用技術可以用來濾水或殺菌：一個是沙濾器（biosand filter），另一個是用太陽能爐（solar cooker）來消毒飲用水。兩種方法不僅簡單、價廉（約二十美元），也不必時常購買、更換消耗品。

我把我的搜尋結果告知無國界工程師協會。大家聽了之後也頗為贊同。

「如果這些科技真的那麼簡單，我們應該可以在當地舉辦一個課程，教當地人自己製作濾水器。」有人說。

「我們可以以學生為目標，在當地的中小學教他們如何使用。」另一人說，「如此一來，他們就可以作為濾水大使，把科技傳授給村裡的大人。」

我從來沒有教學或帶小孩的經驗，聽到他們這樣說，心裡感到有些忐忑不安。但是比起對教學的害怕，我想去烏干達的欲望更為強烈，於是硬著頭皮開始和MIT另一位學生大衛（David）設計教學大綱及材料；大衛是英國人，在MIT攻讀土木工程博士學位。

現在我有了去非洲的理由，下一步則是要籌措資金支持我去非洲。二〇一〇年一月去烏干達的來回機票，加上停留當地期間（四週）的食衣住行費用，總計約需四千美元。這筆錢差不多是博士研究生整整兩個月的薪水，我根本負擔不起。

後來，朋友跟我推薦了MIT的「公共服務中心」（Priscilla King Gray Public Service Center），他們每學期都會撥款資助學生去世界各地做義工及服務。十月，我遞出一份十頁計畫書，並和工作人員愛麗森．海德（Alison Hynd）面談了半小時。十一月中，我接到好消息，說我的計畫案入選了！

現在我有了錢也有完整計畫，在我和烏干達之間沒有任何障礙，整個人興奮得有些暈陶陶，但也覺得忐忑：會不會不安全？會不會生病？非洲是沙漠，我們的飲食該怎麼安排？

雖然我的心情有些不安，但是現在後悔已經來不及。接下來，我去校醫那裡施打幾種預防當地傳染病的必要疫苗，也開始訂購長途機票。

出發前夕，我們和當地合作夥伴聯絡，才驚覺烏干達的學校一月份正在放假，我們原先計畫的課程很可能會落得沒有學生來聽的窘境。

怎麼辦？我們事先萬萬沒料到會發生這樣的意外！出發前一週，大家趕快召開緊急會議。我也去公共服務中心找愛麗森，問問她的意見。

「既然你們都準備好課程內容，為什麼不直接教大人呢？」愛麗森說。她的建議也在會議上獲得大家的同意。於是，大衛和我臨時把教學內容改成適合大人的教材。

十二月底，我先回台灣休息了幾天，再搭飛機到烏干達首都坎帕拉市（Kampala）。

第一個晚上，我睡得戰戰兢兢；我聽說烏干達的瘧蚊很可怕，萬一被蚊子咬，會立即發高燒。雖然已經吃了防瘧疾的藥，也睡在蚊帳裡面，還是擔心不已。

第二天，我和大衛會合。我們要去市中心，因為攔錯車，馬上就被敲竹槓。接著，我們倆就和其他人一起坐了五個小時的野雞車到公路邊一個不起眼的小鎮。而和我們合作的診所就位在這個大約只有一千人的小鎮上。當天診所煮了一頓豐盛的大餐歡迎我們，當晚就睡在診所的員工宿舍通鋪裡。我心裡也微微鬆了一口氣，心想：已經順利在烏干達過了兩天，我還活著！

非洲不只是沙漠

我在台灣和父母同住，我們對於非洲一直有種根深蒂固的刻板印象：在高溫炎熱動輒高達四、五十度、無邊無際的撒哈拉沙漠中，住著很多貧窮的兒童，長年在饑荒下生活。可能是受了媒體的渲染和洗腦，每次看到基金會要募款去非洲，我腦子裡想到的都是「飢餓三十」裡骨瘦如柴的兒童，靠人道機構空運去的食物生存。因此當我的父母聽到我要去烏干達時，無法理解我為何要去那種「鳥不生蛋」的地方。

到了烏干達，我立刻發現，那是一個自然環境優美的國度。雖然位在赤道上，但是首都坎帕拉與我們工作的地方都是坐落在有一定海拔高度的高地上，因此白天的氣候乾燥而舒適，晚上則是涼爽宜人。整個地方綠意盎然，生機蓬勃。

我們寄宿的診所是美國一家非營利組織興建的。診所的電力供應完全來自裝設在屋頂上的太陽能板，只要是晴天而且電池沒壞，日落後可以供應三、四個小時的電力及網路。診所後面有一間員工宿舍和一間廚房，平常提供約六位長期員工吃住。廚房用木柴或木炭煮飯燒菜。診所邊緣有兩個茅坑式廁所。

診所沒有自來水。大部分的用水來自五百公尺外山坡下的一個水井。員工（包括大衛和我）每天數次輪流拿著塑膠桶去汲水。裝滿水的桶子重約二十公斤，一手各提一個走上坡路回到診所，一開始很吃不消。由於取水實在太辛苦了，我們盡可能節約用水，因此大家每隔兩、三天才洗一次澡。

只要下雨，診所的人便把瓶瓶罐罐全拿出來，放在屋簷旁邊盛雨水。看起來好像這裡的「用水」問題很嚴重，其實是因為診所位在全村離水源最近的地方，對我們來說，這個問題相較之下還算是最簡單的。

我們所住的村子有很多小孩，每天必須扛著沉重的水桶，赤腳走數公里的路。在這裡，家庭主婦往往因為種田無法離開取水，就由小孩去提水，大多數的孩子因此而輟學。

啓動濾水器計畫

抵達診所後隔天，我們在當地翻譯的帶領下和村長碰面。前半段會晤都是翻譯和村長用盧干達語聊天，大衛和我都聽不懂。忽然村長轉過身來，用英文對我們說：「歡迎！」我們準備了小禮物送給他。他則拿出他的訪客簿給我們簽名。

「我們的村落很窮，」他說，「我們有七個水井汲水機，但有五個壞了。你們可以幫我們修好嗎？」

我們跟他解釋，這次來的主要目的是考察濾水器的適用性。但是，我們也很樂意幫他們看看這些汲水機。

「可是，」大衛說，「修好汲水機後，當地必須要有一個管理汲水機的委員會來定時維護，要不然很快又會壞了。」

「那很好。」村長說，「我們非常願意提供資源來協助。不過你們看，我們真的很窮！很窮！」

大衛是土木工程系學生，對於修理水井和汲水機有一些了解。因此我們回去討論後，決定讓大衛去診斷汲水機的問題並且修理，而我則繼續原來的濾水科技計畫。所以，我去了三十公里外最近的小城市買了一些材料，試著動手製造濾水設備。

於是，我們把診所後院變成一個小型工廠及實驗室。我試著用當地能買到的材料來組裝測試濾水器，而大衛把壞掉的汲水機拆開後更換零件。此外，我們也採集了不同水源的樣本來做簡單的水質測試。

為了更加了解當地家庭用水行為，我們雇了一位翻譯，造訪了十個家庭，並做了面談。每次我們進屋時，每個家庭都會煮水沏茶請我們喝。我們便趁喝水聊天時和他們聊聊煮水的方法。他們都是燒木柴來煮水。我們也發現，很多家庭主婦每天會花上數小時尋找可用木柴。我們提起了濾水器，他們感到很好奇，想看看我們的展示。

「我們還在建造測試中，」我們對這些家庭說，「測試完畢會舉行展示會，你們可以來看看。」

我們當時以為，家家戶戶都是用木柴燒水以達到殺菌目的，因此，如果濾水器研發成功，將能大幅減少當地家庭的木柴需求量，也能提供乾淨的飲水。想到我們提供的設施有助於改善當地居民生活，也鼓舞了我們加緊腳步去測試剛做好的濾水器模型。

意外的旅客

來到這裡一星期後，一輛大車載了十四位醫生來到診所。他們大部分是美國醫學院實習生，來烏干達執行兩週醫療任務。在這兩週裡，本來冷冷清清的診所忽然間人滿為患。

這些醫生也和我們一起住在通鋪宿舍裡，整個環境頓時人聲鼎沸，熱鬧許多。大衛和我晚上與他們聊天時，得知有一半以上的就診病人都是瘧疾患者。

有位醫學生平時很喜歡穿涼鞋，他的腳趾上有個長久無法癒合的傷口。當地一位兒童看到他的腳趾，馬上知道是長寄生蟲了，這位醫學生這下也成了診所的病人。他們把傷口打開來，發現裡面有數十粒白色的寄生蟲卵！

某晚，我們住的通鋪不知從哪裡飛來一隻蝙蝠，導致一位醫學生睡覺時被蝙蝠叮咬到。因為蝙蝠可能會傳染狂犬病，那位醫學生馬上變成了病人，連夜送到首都坎帕拉去打狂犬病疫苗。後來聽說那裡好像沒有疫苗，於是又火速送到英國倫敦治療。

那支醫療團隊來得快、去得也快。不久，診所又只剩下我們六、七個人。

太陽能爐我早就蓋好了，但沙濾器的建造比想像中困難許多。沙濾器需要大量的沙，由於當地的土質很像黏土，而從附近運來的沙裡混雜了很多黏土和淤泥，得小心掏出淤泥塊和黏土，才可以運用在沙濾器上。因此，我的進度很緩慢，光做沙濾器就花了整整一週。

第三週，我們舉辦兩個課程，解釋沙濾器及太陽能爐的用途。有十幾位村民來參加，其中幾位表示有意願和我們一起進行測試。於是，我們把剛做好的模型安裝在他們家裡做長期測試。

大衛則修好了兩個壞掉的汲水機。我們和村落長老一起討論、推選汲水機管理委員會的成員，以維持機器的正常運作。

茶水不分，濾水器變廢物

四個星期很快就過去了。回到波士頓，我無法想像自己在烏干達才工作了四星期而已，因為感覺在那裡的生活比四星期還漫長。一開始，我對於要在這樣偏遠又沒水沒電的地方生活還有些擔心，但我撐下來了！不僅撐了下來，我認為自己可以持續待下去。這時的波士頓正值寒冬，每天下午四點左右太陽就下山，遍地積雪，我反而想念起烏干達那充滿生命力的活潑朝氣！

回來後，我每隔一、兩個星期就和烏干達的人聯絡，他們雖然一開始幫我們測試濾水器，但過了幾個星期後，我失望地發現很多人都不再用了。

我想要了解真正的原因。尋找答案的過程中逐漸發現，原來他們很多人每天都是煮茶來當水喝的，反而不常喝白開水。這個覺悟讓我驚覺原來當初的「善念」只是一場天大的誤會，我們看到家庭在燒柴煮水時，都以為是為了殺菌，因此當初的想法是如果可以展示一種更簡單的濾水器，就能幫助當地家庭節省木柴、免煮水，也可以喝到水質乾淨的白開水。

現在我發現，他們煮水的真正原因是因為要用熱水泡茶。這種文化之間的差異，是當初面談那十個家庭時完全意想不到的。既然很多人都不喝白開水，我們精心製造的濾水器也就毫無用處了。

反之，大衛修好的汲水機一直有人使用。我們逐漸發現，當地人的瓶頸不在於喝不到好品質的水，而是取水困難。因此，我們聽了村長的要求，試著幫他們修理汲水機，這對當地村民的貢獻遠比我們在ＭＩＴ憑空想像濾水問題要實際多了。

事後看來，絕大部分的計畫一開始都是一場誤會。在未來幾年裡，我也陸續接觸了很多二十出頭的年輕人，充滿雄心壯志想要去非洲幫助窮困的人、想要改變世界。結果幾個星期後垂頭喪氣地回來，因為看了當地情況後，加上經歷了種種誤會及挫折，他們覺得自己太渺小了，什麼都改變不了。現實生活讓他們的理想破滅了。這一點都不令人驚訝，因為二十出頭的年輕人從來沒去過非洲，生活經驗或歷練也不夠，懂得怎麼改變世界嗎？其實第一次去發展中國家，只要能學到一點點以前不知道的事情，而且能平安歸來，就已經是豐收。

而這一點點從現實生活中的學習，也是ＭＩＴ能幫助學生做到的。回來後真的發現自己對這種工作沒興趣，那也沒關係，至少知道自己為什麼沒興趣，以後可以朝其他方向探索。

如果我對這一方面仍有一些興趣，那麼這次的現實經驗會讓我明白，自己以前的認知是多麼淺薄，自己所犯的錯誤是多麼的基本。若真要在發展中國家做出一點微薄貢獻，必須經過年復一年的不斷嘗試和一次又一次的失敗，用淚水、汗水甚至流血慢慢摸索出來。

可是那時，我還只是一個二十出頭的ＭＩＴ新生，沒有太多的人生經驗，對於以上所說的道理還沒有很深刻的覺悟。那時我單純的腦袋只知道，第一次在烏干達的嘗試不是很成功，可能是因為我是和一群同樣缺乏經驗的同伴胡搞的結果，不了解當地的人文習俗，使得做出來的科技和現實脫鉤。因此，我決定利用博士研究外的餘暇時間，向專家請益和學習。於是，我開始尋找在ＭＩＴ有沒有課程是教學生去發展中國家做工程。

第四章
D-Lab 三部曲：發展、設計、創業

如果說MIT在我研究領域內有一位我崇拜的偶像，那就是彼得，但在我研究領域之外的則是艾咪．史密斯（Amy Smith）了。艾咪是機械工程系的資深講師，年輕時曾經在非洲的波札那共和國工作了兩年，她在沙漠中忽然有了一個頓悟，她想為發展中國家做小型工程設計。

在二、三十年前，大部分發展中國家的援助案都是大型的工程開發案（如水壩），而艾咪是當時主倡「適用技術」的先鋒之一。她回到MIT後，發明了一些簡單的小型農業技術，得到很多獎項。二〇〇六年，TED邀請艾咪發表一場著名的演講，二〇一〇年，《時代》雜誌推崇她為世界百大人物之一。

拜師學藝

二〇〇二年，艾咪成立MIT的D-Lab，專門教MIT學生如何為發展中國家進行工程設計。這幾堂課在MIT非常熱門，每年都要經過申請或抽籤決定才能註冊。

我從烏干達回來之後，決心要到D-Lab上課，學習如何在發展中國家工作。而我很幸運地，在二〇一〇年九月成功註冊。

我上的課名叫「發展」，是D-Lab「發展、設計、創業」三部曲的第一堂課，主旨是介紹發展中國家的環境，以及如何為其做工程。

雖然艾咪的日程十分忙碌，但大部分課程仍由她親授。她戴著眼鏡，無論是講課或與學生討論，始終面帶微笑，充滿著孩子般的天真及好奇心。

寒假（一月）時，這堂課也會帶學生去某個發展中國家工作四星期，以實務來印證理論。一堂課約有六十位學生，因此分為八隊，各自去不同的國家（亞洲、非洲、中南美都有）。每支隊伍由七、八個學生及兩位D-Lab領隊共同組成。這趟旅程的目的是要教導學生如何聆聽發展中國家當地人的問題，然後一起設計解決方案。

「很多MIT學生都是科技迷，認為只要能把適當的科技空降到發展中國家，就能解決當地大部分的問題。」艾咪告訴我們，「可是憑空設計的科技只是浪費大家的時間。如果你能真心去了解當地的問題，有時候，你會有前所未有的見解。」

我聽了格外覺得心有戚戚焉。當初在烏干達，如果我們能多花一、兩個星期和當地家庭一起生活，或許就能更了解他們喝茶的習慣，也不會犯下那麼大的錯誤。

「為了避免盲目的探索，你們每個人可以選一種科技先做初期的研究了解，成為代表那項科技的使者和專家。」艾咪說，「但這並不表示你們研究的科技是當地所需要的。儘管如此，也許你們可以從與當地人的對話中，找出真正的問題及解決的方法。記住，你們首要的目標是探索與學習。」

我抽到的是迦納隊，領隊就是艾咪。我覺得自己實在太幸運了，不僅可以聆聽艾咪講課，還有機會在二〇一一年一月和她一起去迦納學習。

之後，每個人都選了一項自己感興趣的科技去研究。我選擇研究一種稱為「連鎖磚」的東西。在非洲很多地方，房子都是用泥磚砌成的。磚與磚之間要鋪很多水泥。但水泥很貴，在鄉下也很稀有。連鎖磚本身就是凹凹凸凸的形狀，因此蓋房子就像堆樂高積木一樣把連鎖磚互相嵌合，如此便能降低水泥的需求量了。

重返非洲

二〇一一年一月初，我們一組十人和二十幾件行李進了小貨車，一群人來到波士頓羅根機場，在阿姆斯特丹轉機後，於隔天晚上抵達悶熱潮溼的迦納首都阿克拉（Accra）。

一到當地，立刻就有人開車來接我們到庫馬西市（Kumasi）。一路上顛簸異常。我很睏，但是一睡著，腦袋就會撞上窗戶或車頂。就這樣一直晃到凌晨兩點多，我們終於到達了目的地。

在往後的幾天裡，我們都待在庫馬西市，購買或製作需要的各種零件。例如，我向庫馬西大學借了一台壓縮磚塊的機器，試著製作不同形狀的連鎖磚塊。

由於我的零件需求不多，一下子就搞定了，便去幫其他同學準備他們的零件。例如同學拉加西（Rajesh）要製作花生油的壓縮機，其中最棘手的部分是一個精密的螺旋錐。這種螺旋錐在美國到處都有，但我們找遍了庫馬西市都沒找到。最後，我們試著找當地的金屬工用砂模鑄造方式幫我們打造一支。

於是，我成為了那位金屬工的學徒及助手。我們先把帶來的樣本錐埋入砂箱中，然後小心翼翼地取出來，砂箱裡便有了一個螺旋錐形狀的洞。接著，金屬工把一些破銅爛鐵的廢物裝進一個他們親手打造的燒爐去熔化，然後把熔化的金屬倒進砂箱的洞裡，等到金屬冷卻加以清理過後，就變成螺旋錐模型。

我從來沒有看過熔化的金屬，也從未看過有人可以如此靈巧地操控金屬，覺得整個過程實在酷斃了！

在庫馬西的幾天，我們把所需的零件都準備好之後，便搭了兩個多小時的車來到一個小村莊。由於艾咪和當地的一位牧師很熟，因此每年她帶學生過來時，就會借住在牧師家裡。

這個村莊比我以前在烏干達待的診所簡樸了些。很多地方都沒電，因此晚上全靠手電筒及頭燈辦事。有時晚餐後大家會在漆黑的環境中聊天，只有爐子的紅色木炭隱隱發光，除非有人去攪動爐子，這時散發的火花才暫時照亮大家的臉龐。

食物中毒，虛驚一場

當地有許多很奇特的菜餚，其中一種叫「富富」（fufu），是把木薯搗成泥之後配湯喝。

一天傍晚，我看到牧師的女兒和兒子在搗富富，我就過去幫他們。當地人會用一根粗木棍去搗富富，每搗一次，另一人就要去捏一下泥團。這一搗一捏之間需要良好的默契。我才搗了幾次，一不小心就敲到別人的手，惹得大家哈哈大笑，很快地，我就從廚房被迫驅逐出境了。

那晚吃完富富，肚子覺得很脹。後來竟然開始噁心。似乎是食物中毒，胃發炎了。吐了一整個晚上，第二天早上感覺好多了。

這時，艾咪要帶我們去塔馬利（Tamale）參觀一個工廠，我也想跟著去。出發前，艾咪遞給我一只空的小鍋子。

「以前我的學生也有食物中毒的經驗，」她很實際地對我說，「看來你現在狀況還好，為了以防萬一，你拿著這個鍋子吧！」

牧師也給我喝一種止吐藥，我們接著便出發上路了。可是車子才開了半個多小時，止吐藥似乎一直在我胃裡翻攪，十分難受。我又開始嘔吐了起來。

中午，我們抵達塔馬利的工廠，我的胃仍然很不舒服，想吐又吐不出來，結果在參觀工廠時，我都是緊緊地把小鍋子抱在胸前。我心想，這真是荒謬的舉動啊！

下午回程時我又開始吐。艾咪擔心天氣太熱，而我也無法補充水分，就給我吃了一顆活性炭膠囊。之後我就一路睡回去。醒來之後覺得好多了，也開始能慢慢進食。

聆聽需求，磚頭變冰箱

我在村裡用從庫馬西帶來的手動壓縮機製造了不同形狀的連鎖磚，同時也蓋了一個小型的牆來做測試。

我觀摩當地的建築和製磚業，發現當地的磚塊都是就地取材的黏土磚。這種磚塊的製造成本非常低，因此若要以較複雜的連鎖磚做市場競爭，是非常困難的。

另外我也發現，當地大部分的房子不是用水泥、而是用黏土建造而成的；這裡的房子大多是一層樓的茅頂屋，不需要十分堅實的結構。沒有了水泥的需求，連鎖磚也就無法發揮它的功用。因此我的結論是，連鎖磚在這村子並沒有什麼發展的機會。

在艾咪的建議下，我和掌控廚房的家庭主婦談了談。她們的難題是新鮮蔬果難以保鮮，因為沒有電，也就無法使用電冰箱。

「你的磚塊如果不是實心的，而是滲水的，是不是就可以造成一個自然的冰箱？」艾咪問我。

艾咪說的原理是指水氣蒸發時會帶走熱能。如果我用可以滲水的連鎖磚造成一個地窖似的容器，那麼當地家庭主婦只要把蔬果放入地窖內，然後每幾個小時在周圍的滲水圍牆澆水，那麼從周圍蒸發的水氣就可以冷卻圍牆裡的蔬果。

我不知這樣是否行得通，但我興奮地設計了一個地窖，並花一週時間蓋了一個簡單的冰箱模型。

測試後，發現裡面的溫度是冷了些，可是無法達到像冰箱裡的冷度。因為我們沒有溫度計，因此無法精確測量溫度。而且，這個地窖的功能是看天氣運作的，當雨天或溼度較高時，它就失去冷卻的功能。

最後我把這個「冰箱」留下來當做展示品，其他人若有興趣也可在自家建造。

我開始研究連鎖磚時，絕對想不到最後會用它來蓋冰箱。但這就是D-Lab教我們聆聽當地人需求之後而開發出來的產品。我從這個過程中領悟出，一個外地人其實很難在遠處就對當地情況有徹底了解，也無權把腦袋裡憑空設計出的科技，一股腦地就要求當地居民測試。有時候，必須先耐心聆聽他們的聲音和想法，才能印證想像中的問題是否存在。這是我在D-Lab「發展」課程中學到的最重要一件事。

手動離心機獲設計大獎

回到ＭＩＴ後，我繼續進修D-Lab的第二堂課：「設計」。這堂課的哲學是當學生在「發展」課中學會聆聽當地聲音後，接著就教育學生如何為發現的問題設計解決方法。

我和另外四位學生同組。我們的合作夥伴是奈及利亞的一位醫生，他說他的診所經常沒電，但他必須使用離心機診斷病人的血液樣本。目前他使用改裝過的腳踏車來轉動（不需電力）離心機，可是他覺得這個改裝機十分笨重，問我們有無解決辦法？

為了更加了解醫生的困境，我們先用廢棄的腳踏車在MIT也蓋了一個手動離心機，測試幾次之後，發現真的如醫生所說，操作上非常吃力，而且體積龐大。

我們開始絞盡腦汁地思考如何把現有腳踏車改裝成更小、更便捷的手動離心機。但想來想去就是沒有好主意。我們似乎碰上瓶頸了。

「你們的核心設計目標是什麼？」我們的導師問。

「我們想把腳踏車改裝成更輕便、更小的手動離心機。」我們回答。

「不對，不對。」導師直搖頭，「你們的設計目標太局限了。你們只是想設計出更輕便、更小的手動離心機，但改裝腳踏車是達成目標的手段之一，並不是目標本身。」

經由這樣的對話，我們恍然大悟：原來我們把設計的目標和手段本末倒置了。除了改裝腳踏車之外，這世界上還有成千上萬個我們尚未考慮過的手段。

我們花了一、兩週時間搜尋現有的專利，找找有無可能把緩慢的手動能量轉為高速旋轉（每秒三十至六十次）的方法。我們幾乎把工作室所有能旋轉的東西都用上了，逐一拆開來研究是否可以改裝，以達到我們所需轉速率的離心機，甚至連溜溜球、腳踏式縫衣機甚至電風車都考慮過了。最後我們發現，電鑽裡的行星齒輪（planetary gear）可以在很小的空間裡達到我們的需求。我們在電鑽前方裝上一個可手動把手，就能把血液樣本放在行星齒輪後方高旋轉處。我們由此研發出一個比改裝腳踏車體積小很多的手動離心機，價格也便宜了一半以上。

我們把這個設計構想告訴了奈及利亞的醫生，他聽了之後十分興奮，立刻改裝診所裡的腳踏車離心機，也協助附近其他診所改裝。後來，有同事提出想把這個設計帶去印度量產的計畫。

看來，我們設計出了一個似乎頗為成功的離心機。這個設計之後得到了詹姆斯・戴森（James Dyson）❷發明獎。

簡言之，MIT的D-Lab首先透過「發展」課擴展了我對發展中世界的認知，然後經由「設計」課，讓我嘗試為開發中國家發展出得以應用於真實世界中的有用設計。

至於D-Lab三部曲的第三部「創業」課程又如何呢？

這堂課我也上了，但那是稍後的故事。現在，就暫時略過不提。

---

❷ 詹姆斯・戴森（James Dyson）是英國發明家、工業設計家，亦是全球知名吸塵器「戴森」公司創辦人。

第五章

和救護車隊學領導

很少人知道ＭＩＴ有自己的救護車。我去學生中心吃飯時，偶爾會看到它停在路邊。白色車身擦得雪亮，中間一條粗線漆的是ＭＩＴ的樞機紅，上下兩條細線則漆上ＭＩＴ的鋼鐵灰。車身上驕傲地漆著「MIT Ambulance」幾個字，車背鄭重地放著一顆深藍色生命之星。在車上進出的是訓練有素的學生義工，他們穿著藏青色制服、黑褲與黑靴子。除非發生緊急狀況，一般時候，車子和人員總是低調地隱沒在校園之中。

我和救護車的緣分，是從一堂和哈佛合作的醫療訓練課程開始的。這堂課的主要目的，是訓練從事生物性質研究的博士生能更了解自己的研究如何應用於現實世界中。我們學習了一些基本的醫學知識，還被安排去觀摩心臟手術及癌症患者的器官解剖等。暑假期間，也會被要求做特定的醫學觀察。通常，學生一整個暑假都在哈佛醫學院的實驗室展開實習。可是我的教授不希望我整個暑假都不在MIT，我只好設法尋找其他業餘的醫學觀摩機會。去MIT的救護車隊當義工，便是其中的選擇之一。

於是有一天，我異想天開地發了一封電子郵件給救護車隊，詢問能否觀摩？

他們很爽快地答應了，於是我有機會在救護車上觀摩數小時。但MIT救護車隊的病人不多（大約每十小時才會有一個案例），觀摩時間也很難安排，因此一直無法有機會深入了解及體驗。

我問他們如何才能加入救護車隊？他們解釋，MIT救護車隊每年會訓練一批新成員，申請者必須先拿到美國麻省基本救生員執照，才能獲准進入救護車隊工作。換言之，我要加入就得報考這個訓練課程。但他們又說，我去申請大概不會通過，因為我太老了。

這是什麼意思？

他們解釋，通常只會接受一、二年級的新生。早早的加入，才能在畢業前有三、四年時間為救護車隊做出貢獻，並累積經驗。由於我已經不是新生，他們認為如果現在花時間及金錢來訓練我，我能待在救護車隊的時間不會太長，不具經濟效益。

我有點失望，也覺得不服氣。我有時候就是有股牛脾氣，當別人愈說我不行，我就愈要證明自己行。我覺得自己不需要依賴MIT救護車隊所提供的訓練課程，因為波士頓有很多地方都提供了相關課程，只是我必須自己掏腰包。但是天下沒有白吃的午餐，有所得就要先付出。

我選了一堂在暑假每週一至週三晚間及週末全天的課程，還得抽空做功課及考試。整個暑假下來，體力有些透支，所幸我在九月初成功拿到了救生員執照。

等秋季開學時，我把剛考取還熱騰騰的救生員執照拿給MIT救護車隊看，詢問他們是否願意讓我在救護車上工作。他們和我做了一次面談，考慮了兩週後，正式邀請我加入救護車隊。

逼真演練，未雨綢繆

「二八六，請到 Green 大樓旁。」無線電呼叫我們。二八六是當時救護車的呼號。「有輛小轎車失控撞上大樓牆角。」

我們一支小隊有三位救護員，這次由我擔任隊長。

「我們需要通報消防署嗎？」一位隊員問我。通常發生重大事件，我們都會請消防署人員到現場處理。

我考慮了一下，說：「先不要。我們先去看看，有必要再叫。」

到了 Green 大樓旁，果然有一輛車，裡面載有四位女傷患，全都沒有動靜。我感到一陣惶恐襲上心頭。傷患比救護員還多，我們該怎麼救？

我接近駕駛座的傷者，想要先從她開始救治。我忽然想到，在有很多傷患的當下，我們必須先分診，依照傷患的嚴重程度決定救護的先後順序。我拂去心中的惶恐，開始指揮現場，請一位救護員開始分診前座傷患，請另一位救護員透過無線電呼叫消防署來支援。

我也開始分診後座傷患。有位傷患一直在發抖，臉上流了些血，無法說話，但看起來沒什麼大礙，於是我把她扶到旁邊去。她是「綠」的，在救護員的術語裡表示沒有生命危險，不需要立刻急救。我馬上在她的手腕上掛了綠牌，以方便辨認。另外一位傷患仍有心跳，但呼吸微弱、沒有知覺。她是「紅」的，表示有立即的生命危險，必須馬上急救。

「我這裡有一位沒有呼吸和心跳、黑的傷患。」另一位救護員向我回報。黑色表示創傷重大，已不適合做心肺復甦術或人工呼吸，我們也不會進行立即搶救。「另外這一位昏迷，但有心跳，呼吸也正常，是黃的。」

這時第二輛救護車來了。

「我們這裡有一黑一紅一黃一綠。」我把傷患情況匯報給他們的隊長知道。「我們從紅的開始，你們從黃的開始。」

接著，我和一位隊員把掛紅牌傷患的脖子固定住，以免脊椎移動而加劇傷害。另一位隊員則架設好氧氣筒。最急迫的應該是把這個病人移到靠背板上，移離車子，可是我們的靠背板被第二輛救護車拿去搶救黃色傷患了。沒有適合的器材，我們只好隨機應變，找到一大片木板，結果木板根本放不進車子前座的空位。我氣得大叫：「沒時間了！我們一人抓左肩，一人抓右肩，一人抓腰帶，數到三，把傷患移到平坦地面。」兩位隊員照做了。

傷患移到地上後，一位隊員趕緊施予人工呼吸，我們則用伸縮抬床把傷者運上救護車。

「我開車。」我對兩位隊員說，「你們一人監測並給予呼吸，一人量血壓及脈搏，並以無線電通告麻省綜合醫院。」

「停！」主監考官大喊。我們每個人都停止動作。躺在地上那些岌岌可危的黑的、紅的、黃的傷患全都爬了起來。

接著，大家圍坐一圈進行討論。

「首先，你為什麼沒在第一時間通報消防署？」監考官問我。

「我們收到車禍的訊息，不知有多嚴重，我想先看看情況。例如，若只是輕度擦傷，便沒有通報消防署的必要。」我說。

「車禍本來就是重大事故，必須通知消防署。消防人員也有可以把傷患迅速從車子撤離的器材。剛才我刻意只給你們一個靠背板，所以在沒有消防人員的情況下，你們根本無法同時安全撤離兩位傷患。」監考官回答。

「還有，你們分診有錯誤。」那位被我們歸類為「黃」色的傷患說，「我意識不清，應該是紅的。你們要再次溫習分診的正確程序。」

「當你們移動我的時候，我確定我的頸椎和脊椎都大幅移動。」另一位「紅」色傷患說，「你們可能導致我半身不遂。」

「整體來說，這個場景的管理有些雜亂。」監考官又說，「我有看到你們和第二輛救護車溝通。可是，第三輛救護車呢？」

我忙著搶救傷患，根本沒察覺到有第三輛救護車來。

監考官繼續說：「你是第一輛救護車的隊長，而這是一個大量傷患事件（ＭＣＩ）。因此你馬上成了ＭＣＩ的總指揮官。身為總指揮官，你必須觀察三輛救護車人員的一切，你不能因為忙著搶救傷患，卻忘了整個大局的管理。」

這雖是一場模擬練習，可是身為救護員，我們可能會在現實生活中面對同樣的情況，因此必須隨時有所準備。經過這次逼真的事件模擬，我也有了信心，下次碰到類似的事件絕對不會再犯這些錯誤了。

病人教會我的七個溝通技巧

我們服務的對象大部分是ＭＩＴ學生。最常見的病人不是喝醉酒，就是運動受傷。這些病人通常不願意配合就醫，因此我們也需要訓練說服他們就醫的口才。

說服病人就醫其實是高難度的技巧。我們每個月的月訓也常常假裝自己是難纏的病人，讓大家練習說服能力。以下是我學到的幾種說服方法：

一、**功課法**：很多人發現，只要告訴ＭＩＴ學生可以把功課帶到醫院去做，便是說服很多病人立刻就醫的魔法妙方。

二、**免費運輸法**：美國有很多人都不願意就醫，因為若無健保，醫療費會很可觀。但是我們可以對病人說，我們的救護車服務是免費的，等到了醫院和醫生諮詢後，病人可以再決定要不要花錢治療。

三、**感情引誘法**：皺著眉頭直視病人，跟他說：「我真的很擔心你。」（這句話由女性救護員來說更有效。）

四、挑戰性談判法：「你如果無法維持平衡走直線，就得和我們去醫院。」

五、嚴重後果法（針對病重卻不想就醫的人）：「不去醫院可能有很嚴重的後果，包括死亡。」

六、拖延法：如果病人不想去醫院，但救護員覺得病情正在加劇時，在沒有其他急迫事件的前提下，可以和病人慢慢磨時間，等到病人神智不清或昏厥時，便可強制送醫。

七、選擇幻象法：這是我最喜歡的溝通方式，是給病人限制性的選擇。例如問：「你想去甲醫院還是乙醫院？」而不問：「你想不想去醫院？」

總而言之，很多時候，說服病人就醫的協商，比我往後創業時的生意協商要困難很多（尤其是不理性或神志不清的病人）。因此擔任救護員的過程中，讓我學到了非常有用的溝通技巧。

突破瓶頸的關鍵：扛責

在ＭＩＴ救護車隊工作一年多後，我碰到了瓶頸。

我的同僚都飛快地超越我、當了我的隊長後，我仍只是區區的中級救生員，遲遲無法晉升。我的個性很好強、愛與別人競爭，這樣的狀態讓我的心裡有些不平：為什麼自己的進度這麼慢？

是我得罪了某個上司嗎？我花了一、兩個星期試著找出癥結所在，卻找不出所以然，因為大家看起來都是明理人，和我的相處也還好。

有一陣子，我甚至認為這支救護車隊存在種族歧視——大部分的資深隊長都是白人。是不是因為自己是亞裔人，凡事都必須更加努力才能獲得上司認可？

是自己監督下屬不當嗎？我發現，有時候我被上司怪罪的是下屬急救時所犯的錯誤。我試圖更嚴厲地監督下屬，但新手犯的錯誤仍源源不斷出現。為什麼是我的錯而不是他們的錯？我開始為自己找藉口，也因此造成我和新手間的摩擦。有人甚至私下說，覺得我有時候態度非常自大。我聽了這些評論，心裡感到非常委屈。

最糟糕的是，我似乎失去了對緊急醫療的興趣，每個任務看起來都一樣，沒有以前的新鮮感。我彷彿原地踏步不前，沒有再學到新的東西。

有一天，我找到了答案。

我當時人正在救護隊的辦公室裡。有位新隊長剛執行任務回來，他因為忘東忘西，甚至下屬被丟包在醫院裡沒帶回來，而被長官罵得體無完膚。可是他沒有迴避錯誤，反而積極地提供改善方法。

我在當下有了兩個頓悟：第一，大家都會犯錯，包括我和長官，不只是新手；第二，當長官並不是一種權利，而是責任，必須為自己及下屬的一切行為和錯誤負責。當我想要升遷的同時，是否也具備了這種敢於承擔責任的胸襟？

我打算做一個實驗。執勤時，我開始要求自己必須負起一切責任。倘若是我犯的錯誤，那就是我自己要檢討；倘若是下屬犯錯，與其怪罪他人，更應究責的是我對下屬的訓練；若是長官犯的錯，由於我是長官的助手，是我沒有及時發現並更正錯誤。這三種想法讓我有了新的心態。

我剛開始做實驗時還有點膽戰心驚，心想：如果我把所有錯誤都歸咎於自己，那豈不是顯得自己非常愚蠢無能？

結果不然。當我誠心檢討自己時，我發現下屬和長官也都清楚知道哪些是我的錯、哪些是他們的錯，他們沒有批評我，反而進一步討論自己的錯誤及改進方法。當我開始要求自己必須為一切負責時，我發現自己的知識是多麼膚淺，要改進的地方是如此繁多。我也開始花時間強化自己不足的知識，當我針對疑問向他人求救時，他們非常樂意幫忙解惑。我開始注意到那些晉升得比我快的同僚在執勤之外，私底下又下了多少工夫來提升自己的能力。

這是我最終突破瓶頸的方法。當我改進自己的弱點時，我也感覺到自己正在進步及學習。在此過程中，我已經不再那麼在意要趕快晉升了，一旦我準備好了，自然會獲得拔擢。幾年後，我也成為了以前我所羨慕的年長救護員，在救護過程中負責大局並指導下屬。

分散式領導，在進步中交棒

當我蛻變時，我發現自己和下屬之間的關係也在改變。以前我以為有了下屬後可以呼風喚雨，指使他們做些繁瑣的事情，讓自己可以悠閒些。如今我發現，當長官及我自己都在積極尋求進步時，自己的職責其實是培訓下屬，讓他們有一天能取代我現在的職位。

因此，每當我們出勤時，新手總是有診斷病人的優先權。雖然他們的經驗和專業比我生疏，但我寧願默默地讓他們先行揣摩，萬不得已時（像是他們即將診斷錯誤而危及病人權益）才插手介入。最成功的任務就是自己從頭到尾都沒有插手下屬的診斷，因為這時下屬已經成功取代了我的位置，同時我也驅策自己盡速具備隊長所需的能力。

這種領導方式乃是ＭＩＴ救護車隊的核心，是一種由自己的努力來帶動下屬的努力，使整個組織得以持續不懈地自我學習及改進。這種特殊的領導方式在管理學裡叫做「分散式領導」（distributed leadership）。ＭＩＴ救護車隊雖是一個學生團體，但因組織結構完整，並不遜於世界上其他公司和組織。後來，我偶爾會和世界各地不同的組織合作，發現領導方式各有不同，有些非常極權化，有些公司的架構十分扁平，有些是層層官僚制度，有些則靠著一人魅力來贏得下屬的心。相對而言，分散式領導算是一種較新穎的領導方式，常被ＭＩＴ商學院拿來作為研究案例。因此，每年都有企業高層主管來ＭＩＴ，花幾千美元進修分散式領導的課程。

我在救護車隊擔任義工時，無形中也學會了管理一個組織的竅門，也可能為未來的自己省下幾千美元的學費。當我看到別的公司管理不當或自己的團隊士氣不佳時，我總會回顧我在救護車隊的經驗，作為管理的指南針。

第六章
簡單設計不簡單

要說MIT救護車隊的獨一無二之處，就是這輛救護車是由學生親自設計打造，有許多專門訂製的功能。

救護員站起來常常撞到頭？沒問題，我們在頂部的櫥櫃角落多加了一層軟墊。喝醉酒的人忽然嘔吐到救護員身上？沒問題，我們在天花板和車廂內壁加裝很多架子，每個架上都放有嘔吐袋，可讓救護員不用尋找、兩秒內便迅速遞給病患。現有的救護車是透過手機發送簡訊來記錄病人送醫的時間，無法直接和記錄系統連線，造成很大的不便？沒問題，我們寫了一個程式，直接把手機訊息自動化連線寫入救護車的資料管理系統中，省掉了人工手動輸入的辛苦。

因為這些獨一無二的功能，MIT救護車得到了最佳設計獎，設計自動化系統的學生後來還受到波士頓救護車大隊雇用一個暑假，幫他們的記錄系統做些自動化設置。

改善病人艙保溫設計

有一天，我發現每當天冷救護車停靠在外面時，都必須一直讓引擎空轉，這是車隊的規定，原因是藉由引擎生熱來提供暖氣，以維持後座病人艙的溫度接近室溫，避免車上藥物因過冷而影響藥效。但我覺得這麼做很浪費汽油，於是開始思考是否有科技能夠自動監控車內溫度，讓引擎低於某個溫度時才啟動？

我上網找了一些可避免引擎空轉的現有科技。有一家公司專門銷售這種科技給救護車隊，但他們的科技需要安裝一個巨大的電池系統，費用高達上萬美元。我感到很苦惱，因為救護車隊根本沒有那麼多錢來安裝。

可是這個問題一直在我腦海裡縈繞，因此我又花了幾星期到處打電話詢問，發現有一種救護車是在引擎和暖氣之間裝置一個外部循環泵，關掉引擎後，藉由小小的電力系統使引擎的熱能循環到病人艙裡，即使引擎關閉半小時，也能正常維持艙內溫暖。這種系統很昂貴，需要幾千美元，加上我們的救護車裡剩下的空間本來就不多，實在容納不下這種裝置。

我懊惱地跟救護車隊的一位同僚談起這個問題。「有加裝循環泵的必要嗎？」他問我。

我們由此出了一個新點子：即使救護車的引擎是關起來的，只要能維持病人艙暖氣的送風，把引擎的餘熱帶進病人艙裡，就能讓車廂內保溫約二、三十分鐘。所以我們必須設計一個可以無時無刻監視引擎溫度或電池電力的系統，只要其中一個快低於標準值，就自動通知引擎重新啟動。

我們很興奮地立刻去找汽車修理工告知我們的設計，並請他估價。

很多汽車修理工看到我們要安裝在救護車上的東西感到很奇怪，大部分都不願意承包。好不容易找到一個願意嘗試的修理工，但要把我們的想法轉換成實際的設計其實並不容易，因為病人艙暖氣的控制系統是製造商提供的，無法隨便竄改線路。我們想了幾個月之後都沒有結果，似乎成了僵局。

到航太工程系找靈感

我考慮到自己對於這種系統的設計根本沒經驗，是自己的弱點，因此暫時擱置這個設計問題。同時我去航太工程系上一堂系統工程課，看看會不會有些啟發。

這堂課每學期都會給學生一個真實的設計挑戰。我們的挑戰是要設計一個「行星探針」（planetary penetrator），這是一個像飛彈一樣的尖銳探針，能在展開太空探索時從軌道上拋下來，插入行星的表面。探針裡有很多科學儀器，可以對行星土壤裡的溫度、成分、波動等進行測量，然後把結果傳回地球。這種探針也能應用於地球上，MIT有些科學家就想把我們的探針帶到南極，從直升機拋下插進冰裡，測量南極冰蓋不同地方長期的波動來預測氣候變遷帶來的影響。

探針的想法聽起來好像很簡單（用重力加速度插入地表），設計起來卻十分棘手，問題如下：

一、在朝有大氣層的行星墜下時，如何控制它的飛行姿態（flight attitude），以正確的角度插入地表？

二、在與地表撞擊的剎那，如何使裡面的儀器不被破壞？

三、若插入像冰一樣的表面，如何讓儀器充分散熱，避免因過熱而使附近的冰融化？

四、要如何保溫才能避免不同的儀器因為過冷而失靈？

五、如何讓探針和在太空中快速飛過的母衛星聯繫？

傑佛瑞・霍夫曼（Jeffrey Hoffman）是這堂課的教授之一，他是退休的太空人，曾在國際太空站工作。在我們的設計過程中，他在太空總署的經驗給了我們一些很有用的見解。例如開始任何設計之前，他要我們先用一個月的時間確定整體系統的功能需求。

「工程師是很懶惰的。」他說，「如果你要我設計一個東西，首先得講明它的功能需求，以及如何鑑定我的設計達到了這些需求。然後，我當然是用最簡單、成本最低、風險最小的方法剛剛好達成你的最低要求。我不會多花時間、多花心思去設計更複雜的玩意，那不僅沒意義，反而可能造成預算超支。」

這可是我從來沒想過的。如果要設計一個非常複雜的系統，這些功能需求猶如是工程師與顧客之間的契約。我作為工程師的義務，只是達到契約的最低底限，不會浪費任何多餘的資源去做無關的設計。

這聽起來很有道理，但是要講明我們行星探針的功能需求並非易事。例如講到如何讓探針測量地表的波動時，一開始我們陳列的功能需求是如下：地震儀必須在零點一至零點零零三赫茲的頻寬中，敏感度少於二 ng/rtHz。」

霍夫曼馬上問我們：「你們需要用地震儀嗎？還是只要能達到這個敏感度的任何儀器都能接受？」我們想了一會兒，覺得有道理，就把「地震儀」改成「波動測量儀器」，以免為自己預設立場。

繁複設計不如極簡思維

我們每星期都會和資助我們專案計畫的公司與機構溝通，確定我們列出的功能需求可以滿足他們的需要。確定了功能需求後，我們把全班同學分成幾個小組，每一組研究及設計不同的系統，如結構、負載儀器、溫度控制、電源分配、通訊、飛航控制……等等，就像美國太空總署總部設計太空任務一樣。

我被分發到溫度控制小組，我們負責研究「如何不讓探針融化附近的冰」以及「如何讓裡面的儀器不因過冷而失效」這兩個問題。

一開始我們的想法是，若要在周圍環境的氣溫大幅波動下控制探針裡的溫度，那麼我們必須有一個能在天冷時提供熱能的暖氣，以及一個能在天熱時讓儀器冷卻（就像我們居家環境一樣）的冷氣。

但結構組馬上抗議：探針那麼窄，裡面要塞入很多儀器，哪有空間給我們放冷氣和暖氣？電源分配組也來抗議：暖氣十分耗電。他們的電池容量在許多電子儀器的需求下非常有限，頂多只能撥給我們半安培左右的電量。

於是我們做了更詳細的研究，發現如果把探針充分隔熱，可在嚴冬時用電子儀器本身散發的熱量來為探針內部保溫。而夏天時若要避免系統過熱，則可在探針外部開孔，利用自然通風的方式使內部熱氣散發到空氣中，如此就不會造成周圍的冰融化。透過這項設計，冷暖氣都不需要了，也不需要用到電。

由於隔熱層需要用到很多空間，我們一來與結構組協商以爭取到更多空間，二來盡量選擇隔熱度高、但價格不會超出預算的隔熱材料。同時，我們也一直對負載儀器和電源分配組施壓，請他們盡量選擇可以耐寒的儀器及電池，讓我們向下延伸可接受的溫度範圍。

最後，要來驗證我們的設計了。我們買了一個冰庫，用鋼管當做行星探針插進冰裡，裡面電子儀器的散熱系統則用簡單的電阻器來模擬，接著將電阻器和冰庫的溫度調高調低，可以控制周圍環境及探針散熱的型態。我們在鋼管裡外都插了好幾支溫度計進行測量，因此我們得以證實在什麼樣的情況下，設計的散熱系統就會失去功能，使周圍的冰開始融化。

後來我們也發現，如果把大部分會發熱的儀器都集中在探針冰上的位置，溫度控制系統其實可以更簡化，連自然通風孔都不需要了，只要在探針冰上及冰下的兩個區塊充分隔熱就行了。

一開始我對這個最新設計覺得有些失望，而且還有點嗤之以鼻，我以為工程學是很複雜的，竟然用那麼簡單的隔熱層就解決了，會不會因為過度簡化而被扣分？

「我在太空總署的生涯裡，看過很多精美複雜的太空梭設計。」霍夫曼說，「太空梭可能是一個滿足太空任務需求的實體表現，但複雜的太空梭從來就不是太空任務的基本需求。如果你們做了徹底分析和實驗，能夠說服我你們的設計達成原來說好的功能需求，那麼你們的任務就圓滿完成。」

最終，這堂系統設計課逼著我們思考的是一種極簡的工程設計理論，把我們從一開始需要冷暖氣的溫度控制設計，一路簡化到只需幾個策略性的隔熱層，這對於我之後在發展中國家資源受限的環境下所做的工程設計可說獲益良多。

創造高CP值設計

上完了系統設計課，我以嶄新的眼界重返救護車病人艙的溫度控制難題。

首先，我開始列出救護車的功能需求。我發現溫度控制是重要需求之一，但電池不是。那麼，現有科技以及我們先前的第一項設計為什麼那樣在乎監控電池的電力？

原來，現有科技起初多是根據警車或消防車而設計的。這些車子常常停在外面幾個小時，不僅需要保暖，還得靠電力維持車內的通訊設備與緊急燈光。因此當這些公司開始推出救護車的產品時，系統設計都是由警車或消防車的功能需求複製而來。

可是當我們把救護車停在外面時，每個人都佩戴上無線電設備，根本就不需要電力維持車內的通訊設備。在非緊急停車時，我們也用不到緊急燈光，若是遇到急救狀況需要用到時，通常也僅是十幾二十分鐘的時間。倘若拋棄這項電力功能需求，我們的系統設計可以簡化很多。首先，我們可以把熱源從棘手難搞的病人艙暖氣系統，轉移到前方駕駛艙本身的暖氣系統，如此操控可以簡單很多。

當我向我的救護車長官提起這個想法時，他的態度十分質疑：「前艙的暖氣離病人艙太遠了，我覺得要把它當成可行的熱源來用是行不通的。」

於是，我決定做一個簡單的實驗。

一個冬天早上，當救護車停在外面的時候，我在車艙內裝了兩支溫度計，然後刻意關掉引擎，不提供暖氣。我小心翼翼地監控著溫度計，讓病人艙內的溫度不至於降到最低範圍之下。首先我發現，即使車外溫度是冰點，整個車廂很大，引擎熄火後，病人艙要花一個多小時才會冷卻到最低溫度範圍（平常我們停在外面的時間頂多只有半小時左右）。而當我啟動引擎後，發現即使只用駕駛艙的暖氣，還是可讓病人艙每分鐘加溫約零點七度。因此推算，等到艙內溫度冷卻一個多小時後，只要引擎空轉二十分鐘，就可以恢復艙內原本的溫度，之後又可以把引擎關掉一個多小時，以此循環保持病人艙的溫度。

我們提出了一個既簡單又便宜的防止救護車空轉引擎系統的設計。相較於現有上萬美元的系統，我們的系統只要不到八百美元（包括工時）。我找到一個願意幫忙安裝的汽車修理工，在聖誕節假期時把ＭＩＴ救護車送去安裝完畢，後來也成功測試了功能。雖然這個簡單的系統並非十全十美，有些地方還需要改進，但算是以最簡單、最廉價的方式達成救護車隊的基本功能需求。後來別的救護車隊也聽說了我們的系統，寫信來問如何安裝。

這個系統因此成了一種新發明，申請了美國暫時的專利。現在，我們也在和一些救護車產品公司商談，看看他們有無興趣與我們合作，授權並經銷我們研發的科技。

救護車隊中曾有同事對我的系統嗤之以鼻，他認為我用的都是現成零件，又是找汽車修理工幫忙代工，看起來不複雜。但我從系統工程學到的是，為什麼做個系統一定要很複雜？我想重點是，這個系統能不能有效解決問題。

當然，能讓我有這樣成長，最要感謝的還是MIT的救護車隊，願意把救護車給我做實驗，還願意花錢安裝我的系統。想當初我加入救護車隊時，只想多學習醫療知識和經驗，後來會待下來的原因是發現這個活動對於我的領導與溝通能力都獲得絕佳的訓練。最後我也發現，MIT救護車其實是學生創新的溫床，只要有意願，每個學生都能在救護車的科技系統留下屬於自己的印記。

校園放大鏡

MIT的惡作劇

在MIT雖然課業繁重，但很多學生喜歡惡作劇；不，我說的不是小頑皮之類的玩笑。這個詞的英文叫hack，是一種具有工程性、強烈MIT特色的惡作劇。

兩個MIT經典惡作劇

舉例來說，在一九九四年，MIT的校警發現有一輛警車忽然跑到麥克勞倫大圓頂上頭（後來移到史塔特中心）。警車的車燈在清晨中閃耀，車裡有個假人警察，有一支玩具槍及一盒甜甜圈。車子前方還有一張罰單，說這輛車非法停在此地。

等到上午十點，工人終於把警車弄下來時，這個惡作劇已經上了世界新聞了。至於究竟是誰設計的、如何策畫的、怎麼弄上圓頂等，至今仍是個謎。

另一個例子則發生在二〇〇六年四月，當美國各大學正邀請被錄取學生參觀校園時，加州理工學院校園內具歷史性的砲台忽然不見了。過了幾天，MIT在招待獲錄取新生時，這座砲台竟出現在MIT校園中。砲台上多了一枚MIT的校友戒指，砲頭還指向加州理工學院。

加州理工學院馬上派人把砲台搬回去。直到今日，MIT的校園還保留一個紀念碑來描述此事。

這就是有MIT性質的惡作劇，其中有幾條重要的法則：

一、不留下自己的蹤跡；
二、不破壞東西；
三、不用蠻力；

……等等，講究的是問題的複雜性及以工程解決方案的優雅性，就像解一道數學考題或工程題一樣。

理論上來說，這些惡作劇大多是違法的，但MIT和警察幾乎是睜一隻眼閉一隻眼。有一次，一個朋友耍了一個惡作劇，有位MIT校警錯過了這場「盛事」，事後還要我朋友傳照片給他看呢。

洗澡間快閃惡作劇

二〇一一年，以前送我去烏干達的美國無國界工程師協會的MIT分會，正在和MIT商學院一個叫做 Sanergy 的新創公司合作，為肯亞的貧民窟設計一種便攜式、低價的洗澡間，緣由是貧民窟很多婦女在工作一天之後，夜裡因為害怕被騷擾而不敢去公共澡堂洗澡。我們設計的洗澡間可以蓋在住家附近，由當地婦女經營，這樣就能提升貧民窟的生活及衛生品質。

學期要結束時，我們測試不同系統的工作已大功告成，但沒有地方組裝成品。「快期末考了，很多學生一直待在學生中心不肯回家洗澡。」有人說，「現在那裡的衛生環境不見得比肯亞貧民窟好。我們乾脆把洗澡間安裝在學生中心好了。」

我們覺得這是很好的惡作劇，雖然比起上面兩者還不算頂級的惡作劇，不過還是可行的，一來能驗證我們的組裝過程，二來也揶揄了MIT學生中心的考生。

首先，我們得選對日子。由於當時MIT的校報是每週一出刊，我們和校刊裡的一位編輯串通好之後，決定週日晚上執行。

困難的地方是週日晚上雖然人不多，但學生中心還是有很多在讀書的學生，如果我們要把零件搬到現場組裝，就會太醒目。可是若在別處先組裝好洗澡間，一來搬移非常笨重，二來進出學生中心會引起他人的注意。

我們花了一個多小時在學生中心勘查地點，發現後方有個很老舊的貨運電梯。週日晚上應該沒人會來送貨，因此進出的人不會很多。如果我們能在那裡組裝完成，就能在五分鐘內推出來安置在學生中心。

那天晚上，我們幾個都穿著黑衣或戴著墨鏡，晚上十一點四十五分在實驗室集合，其中一人在貨運電梯那裡把風。我們把較不起眼的零件由不同的人在不同的時間帶入學生中心，最後在貨運電梯集合，花了一個多小時組裝起來，再推去學生中心，任務一完畢，我們馬上一哄而散。

隔天早上，學生中心出現一個新的洗澡間，而它一直待到週四才被拆掉。快閃廁所惡作劇任務，成功達成！

後來，美國無國界工程師協會在暑假時，去肯亞的貧民窟實地測試我們的洗澡間設計，最後在四個地方安裝了洗澡間，由當地婦女管理，洗熱水澡十先令（約五元台幣），洗冷水澡五先令。有人因此一天就賺到了約一百先令。

而原來和我們合作的Sanergy，後來成為肯亞一家頗有名氣的廁所公司。

第七章

商業顧問初體驗

在MIT媒體實驗室附近一條岔路，左邊是通往理工系，右邊則是往史隆（Sloan）商學院。為了怕人不認路，有學生好心地做了一個路標。沒錯，左邊是往「微積分」，右邊是往「真人」。這大概是商學院學生的惡作劇，但也有其真理存在。當我是博士生時，也常常對「真人」的生活感到好奇和渴望，因此我打算去商學院修一堂課看看。

史隆商學院的特殊之處是它的「行動學習」方案（Action Learning），沒有固定的教科書，也沒有考試。這門課是讓學生組成顧問團，幫助企業解決現實的問題，學生從自己的團隊及個案中學習，而整個課程也從歷屆學生的經驗中學習。「行動學習」有許多不同的主題，包括中國公司、印度公司、新創公司、數位經濟公司等，學生可以依自己的喜好去體驗不同的行業。

我在「行動學習」方案裡選了一堂「世界衛生」（Global Health Delivery）的課程，該門課的講師與很多印度及非洲醫療衛生組織已合作多年。

和我組成顧問團的是尼拉夫（Nirav）、亞歷克斯（Alex）和西德尼（Sydney），三位都是史隆商學院一年級ＭＢＡ學生；尼拉夫以前是麥肯錫（McKinsey）的顧問，亞歷克斯曾在上海為大型公司提供業務解決方案，而西德尼創辦了一個青少年體育公司。我看了大家的履歷表直冒冷汗，因為我那時除了教學和研究經驗之外，沒有其他資歷可以寫。我不僅沒有當顧問的經驗，連在學術界之外的工作經驗也沒有，覺得自己是個冒牌貨。不過轉念一想，這不過是一堂課，而我是來學習的，不是來應徵職業顧問工作。

爲什麼免費看診不受歡迎？

我們的客戶是肯亞的一間診所。這間診所每年為奈洛比市一處貧民窟的居民提供醫療服務。他們的疑問是：服務是免費的，但是為什麼來看病的人不多（約只有兩成），大部分的居民都選擇不去看診（約六成以上）？

我們在二至三月期間針對肯亞的醫療系統及病人就診行為盡可能蒐集資料，彙整成了一張幻燈片。三月中（ＭＩＴ春假時），我們去奈洛比兩個星期。第一天就來到這間診所，並且花了幾個小時觀察不同的醫生，看他們如何診斷病人。

我們在現場立即發現診所的情況和我們想像的不太一樣，例如免費服務只提供給定期參與健康問卷調查的家庭，其他未參與問卷調查者則須付費；凡參與問卷調查的病人都有一張電子會員卡，而沒有參與的病人的就診資料全都是用紙本填寫。其中的差別待遇很明顯。

回到我們在奈洛比下榻的公寓，馬上開始討論第一天的所見所聞。

「這並不是我們當初想像的一個單純幫客戶成長的挑戰。」尼拉夫說，「顯然情況更為複雜。」

「我覺得我們不應該把原先準備的幻燈片給他們看。」亞歷克斯說，「那個天真無知的幻燈片只會讓我們丟盡了臉。」

「我們要如何繼續幫我們的客戶呢？」西德尼問。

「我覺得我們必須再多聆聽，才做決定。」尼拉夫說。

之後的幾天，我們刻意把原來準備好的「框架」丟掉，隻字未提，也拋棄一切假設。我們只是聆聽診所不同人的觀點。

接下來，我們打算親自面談一些貧民窟的家庭，聽聽他們就診（或不就診）的決定。因此我們製作了一份問卷調查。診所也介紹了幾位當地社區的志工給我們，幫我們把這份問卷翻譯成史瓦希利文。

那天下午，我們和志工坐下來，逐題討論問卷的架構。一開始的情況十分不妙，我們花了很長時間解釋我們的用意，但志工們不是很了解。而且他們也有自己的意見，結果演變成雙方無法達成共識的僵局。

最後，我們建議把不同意之處延後討論，先敲定整個問卷再說。之後，進展便順利了許多，他們更了解了我們的意圖，也在問卷裡回饋了更好的問題。

進入貧民窟找答案

隔天，我們分成四個小組，一個人跟著一個志工去和不同的家庭面談。我們在志工的指引下，進入了貧民窟的中心。那裡的房子一格一格的，周圍是黏土夯成的牆，屋頂是用鐵皮覆蓋。因為沒有窗戶，室內非常陰暗，有時只靠一盞煤油燈。一兩坪大的空間既是廚房，也是附了小電視的客廳，還是擠著父母與四、五個孩子的臥室。

我們的人從問卷問題導入，隨行的志工則用史瓦希利文翻譯成給面談者，再把答案譯成英文給我們做筆記。

尼拉夫是我們當中速度最快的，大部分照著問卷去問，常常十到二十分鐘就結束了。我大概是四人中的慢郎中，有時候就面談了快一個小時。

「你都和他們談什麼啊？」當大家等我結束時，亞歷克斯問我。

其實我常常偏離問卷的劇本，因為有時面談者會提到問卷裡從來沒想過的事。例如有人提到生病時去的不是診所、也不是藥局，而是去找巫師治療。「巫師」不在我們問卷的選項裡。我不願只是敷衍了事地在「其他」選項下打勾，因此又多花了十幾二十分鐘想要多了解有關巫師的情況。

另外，有個家庭認為我們代表的診所是一個邪教中心，原因是診所的徽章是一支蛇杖。這在西方文化中雖然是很普遍的醫療徽章，然而在貧民窟裡，謠傳診所的醫生都是崇拜蛇的巫師。

「上次我去看診時，他們抽了我的血。」一位年長的爺爺說，「我不清楚他們拿我的血去做什麼？」

這些狀況完全出乎我們的意料之外。我們因此一邊面談、一邊對問卷內容做些更新，以便得到我們更想知道的資訊。

不過這些出人意表的答案只占極少數。總之，在我們面談了七十多個人後，我們發現絕大部分的人之所以沒去這間診所，主因是他們不知道有提供免費服務，或是根本不知道這間診所的存在。知道診所的人，絕大多數給予了極高評價。

我們把觀察與問卷結果整理歸納後，最後提出了我們對診所的建議，例如減少對非會員的差別待遇、有更明確的定價、做更積極的推廣等。同時我們也辦了簡報說明向診所的管理人員匯報。

我雖然沒有從事商業或行銷的經驗，但最後運用了我的方向感，製作了一份簡單的地圖，標示診所的位置在哪裡。地圖看似簡單，但也花了好幾天的時間，因為貧民窟的道路彎曲分歧，而且都沒有路名或明顯標示。有時，甚至連當地的志工來到某個路口，到底要左轉還是右轉都有不同的意見！

城鄉貧富懸殊大震撼

雖然我之前在MIT的支援下已經去過非洲兩次（烏干達及迦納），可是這次的肯亞之行和我以前的經驗完全不一樣。之前，我大部分的時間都待在鄉下，在城市的時間頂多兩、三天。鄉間生活非常純樸且安全，例如我可以把照相機放在烏干達診所外面一、兩個小時，也不怕被偷走。

反觀在奈洛比這種大城市，尤其是貧民窟的社區，我們每天出門一定要有當地人作陪。在我們深入貧民窟進行面談時，志工往往下午五點半後就叫我們收工，趕快離開貧民窟，因為這裡白天雖然很熱鬧，天黑之後又是另一個模樣。

有一次，尼拉夫因為不滿白天貧民窟的男人都出去工作，我們的受訪對象大多是家庭主婦，因此提議利用晚上面談男性受訪者，但立刻就被診所以安全考量為由而制止。

由於非洲鄉下的居民普遍生活貧窮，所以我在鄉下擔任義工期間，也是每天和大家吃同樣的食物（大部分都是素食，因為肉很貴），上的是茅坑，晚上工作必須戴頭燈（因為常常沒電），有一次還連續兩個星期無法上網。

這次在奈洛比，我們住的地方雖然離貧民窟只有五分鐘的車程，但我們的住所是一個四層樓公寓，有水電，還有女傭服務，樓下的出入口還有一個拿著步槍的警衛二十四小時在站崗。從這棟公寓往外看，可以看到不遠處坐落著豪華的五星級酒店，以及物價不比美國便宜的高級購物中心（都有荷槍的警衛）。每天晚上，我和顧問團隊都坐計程車出門，去不同的餐廳品嚐不同國家的佳餚（我是在肯亞首次嚐到並愛上衣索比亞料理的），有時還和同事喝酒或抽水菸，午夜過後才回到公寓。你可以在奈洛比盡情享受世界上任何豪奢的生活，只要你有錢。

換言之，若說以前在非洲鄉下工作時讓我體會到什麼叫「貧窮」，那麼這次在奈洛比的經驗，我則體會到什麼叫「貧富差距」。

眼界大開，出路更寬廣

離開之前，我們舉辦了慶功宴，邀請所有幫助我們完成案子的人。尼拉夫和我去超市採買啤酒時，我這個不識相的理工學生打算問他這個資深職業顧問幾個具挑戰性的問題，也就是：我想知道微積分和真人之間的區別。

「我是全職研究生，年薪三萬多美元。」我跟尼拉夫說，「可是我看你們這種年紀相仿的顧問，賺的錢卻是我的兩、三倍。你們的薪水為什麼那麼高？」

「我想那是市場給的價格吧！」尼拉夫尷尬地說。

「顧問給市場帶來的價值到底是什麼？」我追問著，「我覺得這兩週為診所做的一切，並沒有很多獨一無二的地方。他們只要有心就能自己做，不用支付顧問公司昂貴的費用。」

尼拉夫思考了一會兒，說：「我覺得有兩個價值存在。第一是我們可以空降到一個組織，在短時間內完成驚人的工作量。如果這間診所自己來，你覺得需要多少時間才能完成七十幾個面談？」

我無語，因為我心裡有數，可能永遠無法完成。

「另外，」尼拉夫接著說，「好的顧問是通才。每家公司的處境都不同，雖然顧問不可能具備所有需要的專精知識，但他了解如何在短時間內尋覓到重要的訊息，並加以整合。他必須知道何時得顧及大局、何時得專精。能把這兩者都做得好並讓顧客滿意的顧問，市場上並不多見。」

「我覺得我自己並不能當很好的顧問。」我說。

「為什麼？」

「從這幾天觀察下來，我發現我發言的時機常常不妥。有時我講的都被人忽略了，似乎是我的想法或觀點其爛無比。好像診所的主管對我也不是很高興。」

「我個人沒有理由相信主管對你不高興。他認為這個案子及團隊是成功的，而你也是這團隊不可切割的一部分。」他說，「例如，西德尼就滿欣賞你思慮周全的發言，我也覺得你過去在非洲的經驗對這個案子的幫助很大。」

「你看我以前工作過的顧問公司，」尼拉夫繼續說，「裡面有各種不同背景的人，也有幾個像你一樣是理工科畢業的博士，但這不表示博士不能當好顧問。」

我同意這個案子十分成功。至於我個人對於這支團隊的貢獻多寡，我也不必去追根究柢了。有時，我可能對自己的要求太高了。在醫學界裡有句名言：「首先，不做傷害。」我記得去烏干達時，因為之前完全沒有與發展中國家接觸的經驗，犯了很多低級的錯誤。而這次，我也是以一個新手顧問的身分去嘗試，因此只要我的行為沒有明顯脫軌而對這個案子造

MIT 校徽中哲學家和工匠，代表思考與工程應用並重。

在校期間參加 MIT 救護車隊，學會說服能力與領導術。

經過八年努力，終於在 2017 年取得 MIT 博士學位。

➲ 2010 年參加 D-Lab 課程，到非洲的迦納學習研發連鎖磚。運用連鎖磚蓋房，可降低水泥用量，圖為我所製作的連鎖磚樣本。

⬆ 迦納庫馬西市的房子建築都是用就地取材製成的黏土磚建造而成，這種磚塊成本很低。

↑↗↓ 找遍迦納的庫馬西市，就是找不到製作花生油壓縮機的螺旋錐，只好請當地金屬工以砂鑄造法製作。先將螺旋錐樣本放到放到砂箱裡打印（左上圖），接著將廢金屬熔化（右上圖），最後把熔化後的金屬倒入砂箱中（下圖）。

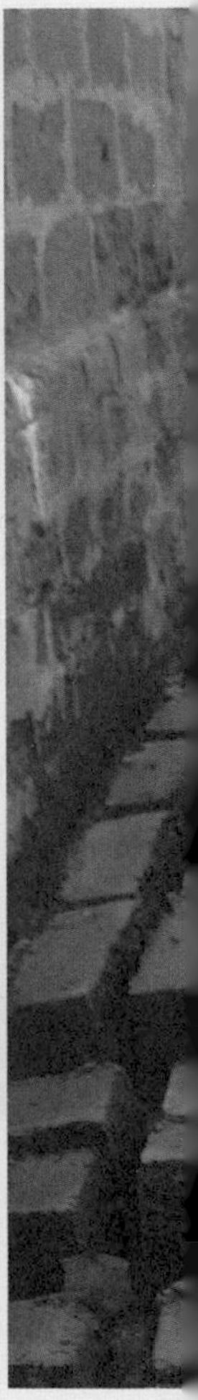

⋒ 2011 年，MIT 顧問團跟隨肯亞志工參觀貧民窟。

⋒ 肯亞貧民窟都是燒木炭煮飯，但是木炭很貴，以致森林中處處可見砍樹和製炭的痕跡。

⋒ 森林深處經常可見違法的製炭工程。

➲ 我（右）和肯亞當地拾荒者檢視垃圾中的有機廢物，試圖尋找可炭化的材料。

⬆ 為了維護森林，採用農作廢物來製炭。圖為將玉米廢物放入鐵桶製的製炭反應爐中燃燒，使之炭化。

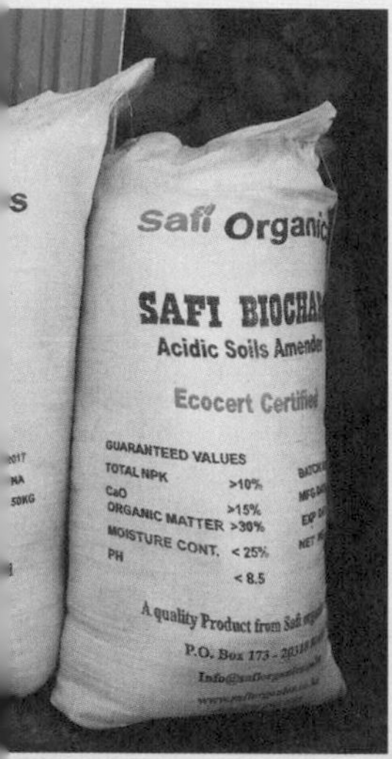

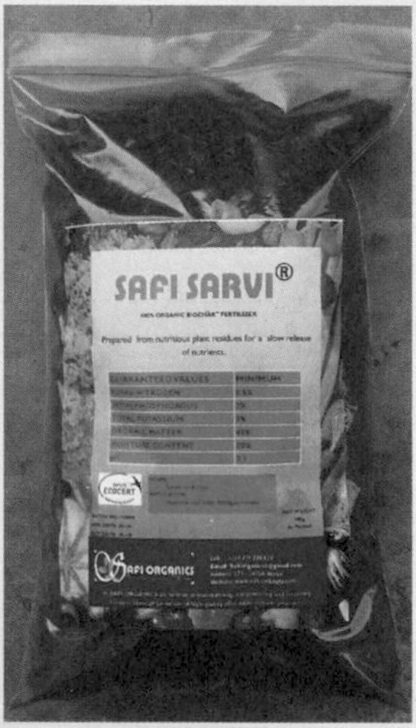

2015 年 2 月，終於在肯亞成立了名為 Safi Organics 的肥料公司，圖為公司所製的活性炭肥料。

為了在肯亞推展製炭企業，我請了當地人幫忙打理，圖為 2015 年新蓋的工廠外觀。

➊ 嘟嘟車是我們在肯亞蒙巴薩的交通工具。

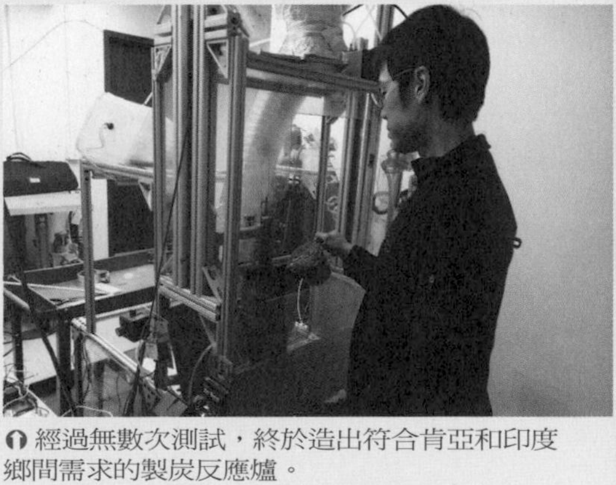

➊ 經過無數次測試，終於造出符合肯亞和印度鄉間需求的製炭反應爐。

➲ 2014 至 2015 年冬天的波士頓大雪，累積了 276 公分的雪量。（圖片來源：dheera.net ／授權：CC-BY-SA4.0）

⮉ 2013 年 4 月爆發炸彈恐怖攻擊，MIT 校警柯利爾因公殉職。圖為坐落在校園內的柯利爾紀念碑。

成損害，已是萬幸了。我要感謝ＭＩＴ允許（甚至鼓勵）我這個沒經驗的學生來消費商學院的名譽及品牌，把業界顧客當做學習的機會，讓我有此千載難求的經驗及榮幸。

實驗室技能亦可跨行應用

我從這趟顧問之旅中發現，這其中並沒有非常深奧難懂的原理，而是必須接受若干年的商業課程養成訓練，才練就出顧問的專業技能。誠如尼拉夫說的，當一個好顧問不容易，但其中在短時間內尋找關鍵資訊、掌握全局……等等的能力，不是也和我做博士研究時所學的互融互通嗎？

因此我發現，「微積分」和「真人」之間的界線可能是虛假的。至少，它可能是我自設的，而不是ＭＩＴ為學生設的。以前我對於博士生抱持著死板的觀點，認為畢業之後只能進學術界，若要轉到其他行業，必須砍掉重練。其實在實驗室學到的很多技能，也可以應用到別的領域，今天是博士生，不表示明天無法轉為顧問、金融分析師，甚至律師。當然，要轉行都必須另外下一番工夫，但這些工夫看起來似乎沒有想像的那麼可怕。

總之，這趟肯亞之旅讓我滿載而歸。我在肯亞結交了許多新朋友，也體驗到當一名真正的顧問是什麼樣的體驗。另外，當我走在貧民窟，不知道為什麼，在我腦中揮之不去的景象是路邊一桶桶銷售的木炭。

雖然木炭和我在診所做的案子無關，但當時我想，回到ＭＩＴ之後，我要好好研究一下這木炭的緣由。那時從奈洛比回到波士頓的我，萬萬沒想到在商學院個案中偶然看到的木炭，將會徹底翻轉我的人生，並將主宰我未來六年在ＭＩＴ的命運。

PART 2
危機及轉型

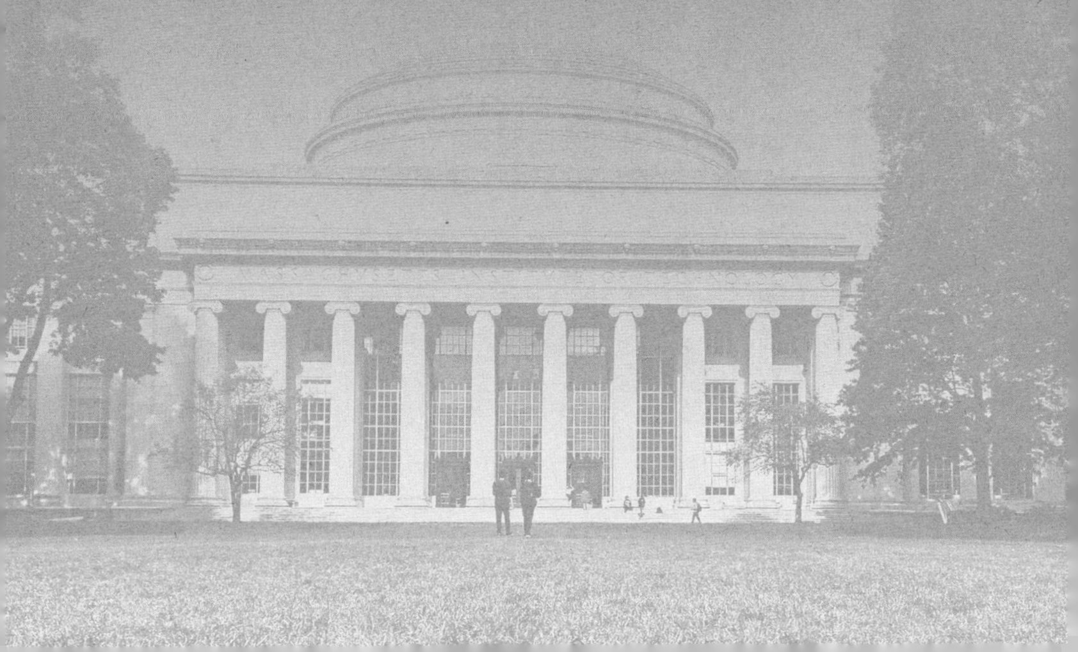

第八章
博士生中年危機

「我有件重要的事想向大家宣布。」二年級時，我的老闆在實驗室的聚會上忽然說。我們從來沒聽過教授用這種口氣和我們說話，因此每個人都豎起耳朵聽。

「我已經決定接受荷蘭研究院所長的職位，將於二〇一二年九月就任。」他繼續說，「這個機會可以讓我領導這個研究院邁入新的方向。屆時我將辭去ＭＩＴ教授的職位。」

喔，我來算算看。我二〇〇九年入學，二〇一二年就是四年級生，博士研究平均五、六年才能結束。我開始緊張了。

「對實驗室的新進研究生來說，」他瞄了我和其他同事一眼。「這可能會影響到你們的未來。所以，下星期我想和你們每個人一對一談談各自的計畫。」

會後，大家議論紛紛。

有位同事的朋友也經歷過類似的事情，指導教授中途離開了MIT。據同事所知，當教授離開時，還沒畢業的研究生可能有兩種選擇，一是跟著教授去荷蘭（但畢業時還是拿MIT的文憑），另一是繼續留在MIT做完研究（但教授已不在此地指導）。

「如果老闆離開MIT後還讓實驗室繼續開著直到學生畢業，那實驗室豈不變成無頭蒼蠅？」一位年長的同事說。

「不知道這隻無頭蒼蠅可以維持多久？」另一位同事回答。

大家議論紛紛，但我沒心情再聽下去了，便回到宿舍，心情感到很沮喪。

當初我選實驗室時，放棄了更令我興奮的實驗室，而選擇了這個看來較安全穩定的地方。我一心一意想走我所崇拜的偶像彼得的道路，在穩定的實驗室做出馳名國際的研究。然而世事無常，我還是遇上了抉擇。

「與其說是災難，倒不如說是轉換跑道的良機。」我腦袋裡忽然冒出這樣的聲音，「說實話吧，你對自己現在的研究一點興趣都沒有。」

我聽到這個聲音有些吃驚，然後感到非常害怕。我是一個勤勞上進的研究生，每個週末都到實驗室工作，憑什麼說我對自己的研究沒興趣？我腦子裡的這個聲音是邪惡的鼓吹者，慫恿我要造反叛逆。我試著壓抑這股聲音。這一定是我聽到教授要搬家的消息後暫時抑鬱的情緒而已，過幾天就會恢復，我如此安慰自己。

「我對自己的研究是很感興趣的。」我大聲告訴自己，「我也會很努力地和老闆繼續做下去。」

沒有一個專心

隔天，我和實驗室的學長史提夫（Steve）喝咖啡，談到此事。

「你決定要跟著老闆去荷蘭了嗎？」他劈頭就問我。

「沒有。」我回答，「我想繼續跟著教授，但是我可能會選擇留在ＭＩＴ。」

「我了解了。」他若有所思地慢慢回答我，「你如果選擇留在ＭＩＴ，我覺得最好還是離開老闆的實驗室，重新去找感興趣的研究室。」

「這是什麼意思？」我吃驚地說。

「你如果真對老闆的研究有興趣，肯定會死心塌地想跟他去荷蘭。」他回答，「可是如果你還想待在ＭＩＴ，就表示你在這裡還有其他的可能性。你必須去發掘這些可能性。如果你繼續待在老闆的ＭＩＴ實驗室，不會有好下場的。」

「為什麼？」

「因為這裡的實驗室環境會在他離開後變得很糟糕。一個好的博士研究在最理想的環境下已經夠艱難了，若再加上教授離開ＭＩＴ的變因，我覺得你不會做出好的研究成果。你會變成孤兒。」

「我想待在ＭＩＴ是因為這裡的資源比較多，而且我看到很多同事都會留下來，難道我不能和他們一起做實驗嗎？」

「不，你想待在ＭＩＴ是因為你留戀這裡的課程，以及其他會讓你的研究分心的課外活動。」

「難道研究生不能有實驗室以外的生活？我在ＭＩＴ也有自己的朋友，難道我要棄他們而去嗎？」我問他。

「你說的一點都沒錯。每個人在這裡都有很多活動，都是忙碌得要命。」史提夫繼續說，「但研究是你最重要的任務，不是學校的資源、課程、校外活動，或是你的社交圈。」

「我的同事也一樣修很多的課。」

「我知道。你們這一屆的博士生沒有一個專心。」

我沉默了片刻。「你覺得老闆知道嗎？」

「老闆不常進實驗室，他人概不知道。但這是遲早的事。當你們的研究遲遲沒有進展時，老闆遲早會來找你們談話的。」

「你憑什麼知道我的研究會沒有進展？」

「根據我個人經驗。」他說，「你和年輕時的我很像。」

「那你會和老闆去荷蘭嗎？」

「不會。我已經在和另一位指導教授談了，希望能轉去他的實驗室工作。」

博士之路，產生不確定性

那晚回到宿舍，我陷入了深思。我仍不大同意史提夫的說法，認為他的觀點有些偏激，他對實驗室要求的忠誠度太高了。不去荷蘭，為什麼就表示自己不能專心地和老闆做研究？對我來說，去荷蘭的代價太高了，我必須捨棄在波士頓的一切！

可是在和他的談話中，我對於自己的信心也開始動搖。或許我該向自己坦承，我其實不如我想像中那樣對自己的實驗充滿熱情。

其實，我這時候已逐漸進入博士生涯中名副其實的「中年危機」，只不過我自己當時並不知道。

我敢說，這是絕大多數博士研究生在入學後第二年至第四年間都會碰上的危機，是一種對自己讀博士的選擇開始產生懷疑的危機。就我本身的案例來說，教授宣布要離開MIT一事無疑是這個危機的催化劑，讓我在選擇跟隨教授去荷蘭或留在MIT之間，開始懷疑當初選擇讀研究所的決定。

很多博士生一開始都是因為嚮往學術界的氣氛，可以自由自在做自己有興趣的研究。學術之路十分清楚，博士畢業後，做幾年博士後研究，被某所好大學聘為教授，然後努力做更好的研究，最後升遷為終生教授職。這是一個穩定自由的生活。我當初申請念研究所，也是抱持同樣的態度。

但是有時候，博士生會在做了一、兩年的全職研究後發現，其實自己對於研究與教學並沒有那麼熱中，無法想像未來三、四十年都過著類似的生活。因此，對於學術這條路失去了興趣。

即使是對學術仍保有興趣的博士生也會發現，這條路看似簡單，卻是一條艱難無比的窄路。好品質的實驗及刊物發表，必須經過多年努力才可能有所成，還不擔保最後一定會成功。在美國，終身教授的職位十分有限，而且競爭激烈。例如，根據二〇一五年的統計，每一百位MIT畢業博士生當中，只有二十八位繼續成為博士後研究員或教授。很多人因為在等待教授職位的缺額，而常常做了六、七年的博士後研究，不僅薪水低、生活沒保障，萬一後來沒拿到教授的職缺，年近四十才出來找別的工作。當初看起來非常安穩的生涯選擇，此時此刻顯得風險格外大，有很多人此時才覺悟到自己似乎走錯路了。

以我個人經驗為例，我大學時期一些同學的功課成績和我差不多，但大學畢業後去了業界（如金融、顧問、新創公司等），現在的發展看起來都比我好。有位同學畢業後本來在紐約上班，年薪十萬美元以上（我的三倍），後來被公司派到波士頓來。有一天他約我電影，結束後，我搭地鐵回家，他則攔計程車（車資還是由公司支付）。

此外，我有一、兩位朋友做了博士研究兩、三年之後，因為上面所說的種種因素，毅然決然把他們原來的博士論文當做碩士論文完成，然後拿著MIT碩士文憑就去業界找其他工作了。我很佩服他們的堅決及果斷。

留與不留，天人交戰

對於我們這些堅持待下來的研究生來說，我們的士氣難免受到出走學生的影響。我繼續待在實驗室研究有什麼意義？若要出走，我也沒有什麼具體計畫，以後要做什麼事呢？生命的意義到底是什麼？我似乎進入了人生的危機。

當初我只是想回答一個簡單的問題：「老闆要離開ＭＩＴ了，我要待在ＭＩＴ還是和他去荷蘭？」結果不知為什麼，愈是思考，思慮的雪球就愈滾愈大，甚至探索起「我的生命意義到底是什麼」。

我被這些愈來愈形而上的問題搞得有些精神衰弱了。於是，我找了實驗室的同事談談他對實驗的看法。

「我非常討厭我的研究！」他口氣堅決地對我說。

「那你為什麼不去做別的事情呢？」另一位同事聽到了插嘴說，「生命苦短啊。」

「我已經花了好幾個學期在這個研究室了，我只想在最短時間內拿到ＭＩＴ的博士學位。」他回答，「然後馬上走人。」

「你畢業後想做什麼呢？」我接著問他。

「我想做顧問。」他說，「我目前在ＭＩＴ顧問社團和別人練習面談的技巧。這個暑假我也想去一家公司實習，可是你們不能告訴老闆這件事！」

對我而言，這聽起來似乎是很好的計畫。我已經來ＭＩＴ努力一段時間了，捨不得只拿了一個碩士學位就中途而廢，好歹也該拿到博士文憑。反觀現在，即使我辦了休學，但我對於學術圈以外的生涯根本毫無想法或準備，因此時機還不成熟。

既然我對自己的實驗興趣索然，以後也不見得會朝學術界發展，我就不強求自己一定要做到十全十美，只要能通過取得博士學位的門檻，能從ＭＩＴ畢業就行了。有了這樣的打算，我剩餘的博士生涯剛好可以拿來作為緩衝期，讓我提早為自己的未來預做準備和規畫。

安穩的選擇，危機四伏

因此，我繼續待在研究室工作，但我已經失去了一開始新生對於研究未知的好奇心。所以每當實驗不順利或其他因素導致我畢業進度延誤時，我就會變得非常不耐煩、心浮氣躁。我只想趕快畢業，趁自己短暫的青春歲月結束之前去真實世界累積經驗。而我在實驗室裡所經歷到的挫折失敗，正在延誤我真正的人生！

當我和老闆碰面時，我說我計畫留在ＭＩＴ，在他的實驗室裡做完博士論文。但如果我覺得這裡的實驗環境不理想，我以後也可能和他去荷蘭把論文做完。那時我想，這是我能從ＭＩＴ畢業最快的捷徑。

因此在考慮許久後，我選擇了現況，因為現在選擇改變，風險會很大，我連自己未來要做什麼都還不確定，我大部分的同事當時也都做出和我一樣的選擇。

這是我在ＭＩＴ所做的第二個重大抉擇。我以為維持現狀是一種最保守、最安穩的選擇，但我不知道的是，維持現狀其實也有它的風險；有時候，當大環境的風向正逐漸轉變時，這種選擇反而可能最危險。

第九章
木炭情緣

二〇一一年三月，我和史隆的顧問團從肯亞診所回來之後，腦子裡始終縈繞著在貧民窟路上所看到的景象：到處都在兜售堆積如山的木炭。我想對這些木炭有更多的了解，於是我繼續和那家診所保持聯繫。診所的人員把我介紹給當地的非營利組織領導人——亞佛瑞（Alfred）。

在三月到九月的半年間，我時常和亞佛瑞用電郵聯絡。他說，貧民窟當地的居民幾乎都是燒木炭來煮飯。可是木炭非常貴。

「我們的組織曾嘗試用廢紙和木屑做成一種替代性燃料，」他寫道，「但不是很成功。」他把當地人用的爐子和他們製作的替代性燃料寄給我看。

「為什麼不成功呢？」我問他。

「燃燒得很慢，溫度太低，而且燃燒時會冒出很多煙。」當地的家庭大部分都在屋內煮飯，濃煙有可能導致呼吸道疾病。

「你覺得ＭＩＴ在這方面能幫上忙嗎？」他問。

「我不敢保證，但我可以幫幫看。」我說。

三月我去肯亞時，滿喜歡那裡的，很想再回去。那時我打的如意算盤是如果木炭研究有成果，這會是我再向ＭＩＴ募款回肯亞工作的好理由。

求助 D-Lab

我曾在 D-Lab 上過課，我知道 D-Lab 在海地研發了一些製炭技術。我想要了解這些技術是否適用於木屑之類的垃圾，所以特地去找了艾咪討論這件事。

「我們的製炭方法大部分適用於像玉米這類農作廢料上。」艾咪說，「木屑之類的可能有點困難。」但艾咪也說，她聽過另一種方式或許能用在木屑等高密度的廢料上，要我去研究看看。艾咪把我介紹給她的同事蘿拉（Laura）。

我找了一天去蘿拉的辦公室拜訪她，和她講起了我對製炭的興趣。

「你知道這些木炭是從哪裡來的嗎？」蘿拉問我。

「不知道。」

「很可能是從索馬利亞或肯亞的鄉下。」她說，「以前我曾在索馬利亞工作，我看過鄉下的村民把巨大的樹木砍下來，埋在地底下焚燒，燒出來的炭塊一包包裝上卡車運走，很可能就是運到像奈洛比貧民窟這類社區。很多鄉下地區，森林都快被木炭業者砍伐光了。」

她看到我在筆記本上振筆疾書，便說：「但我建議你自己去搜尋資料。」

「知道木炭的來源，對我找其他科技幫忙這個組織炭化木屑有任何好處嗎？」我問。

「你必須從宏觀的角度著手，」蘿拉說，「而不是只想這個組織和這個貧民窟而已。除了貧民窟以外，世界上有二十多億的人口都在用木炭或木柴燒飯。他們的炭是從哪裡來的？如果你能幫他們用廢物取代木炭或木柴，你這個案子的潛力會很大。」

蘿拉講得眼睛都在閃爍，看起來比我還要興奮。

「你知道ＭＩＴ的全球挑戰競賽嗎？」蘿拉接著問我。

「不知道。」我說。

「這是一年一度的ＭＩＴ學生創新競賽。」蘿拉說，「主要是針對公共服務的創新。獲勝者可以得到最多一萬美元的獎金。」

「我以前好像在海報上看過。」我說。

「我覺得這很適合你的案子。」蘿拉說，「你的隊伍有名稱嗎？」

「沒有。」

「那是你手頭上要辦的第一件事。」

蘿拉沒給我想要的答案（怎麼把木屑轉成木炭），卻給了我從沒想過的觀點。

首先，我要找一個隊名。回到宿舍，我絞盡腦汁思考了好幾個小時，最後想出一個我比較喜歡的名稱：「Takachar」。Taka 在史瓦希利文是「廢物」的意思，而「char」則是英文的「炭」，完整的意思就表示我們把廢物變成炭。

然後，我研究了蘿拉說的「MIT全球挑戰競賽」。歷屆參賽者中有位博士生發現印度苦楝樹的樹油具有防蚊功能，她得到獎金後，便去非洲尼日進行控制瘧疾的測試；還有一組學生研發了一種新的計算方式，可透過衛星影像自動化規畫鄉間村莊的電網系統，而這已透過印度政府進行測試。

這些看起來都是天才型的創新。我對製炭的興趣才剛開始，到底有什麼新穎之處呢？我打算先做測試再說。

引發校園火災，虛驚一場

二〇一一年九月，我從MIT的無國界工程師協會裡招來幾位學生和朋友，幫我做些科技測試。當時我們手上沒有任何經費，因此必須先募集資金。最後，MIT的 TechFair 給了我們五百美元買材料來製作小型的原型木炭。一開始，我們常常向 D-Lab 的人員借用他們的材料來做測試。

一天下午，我剛炭化好一些廢紙。這些廢紙炭塊用手摸起來只有微溫，我以為它們已經冷卻了，便裝進塑膠盒裡，帶回宿舍。走著走著，忽然聽到輕微的爆裂聲，低頭一看，發現一串火苗從炭化廢紙中冒出。我趕緊走到廁所裡去澆水，把火苗撲滅。

又走了一段路，發現火苗又竄出來了！附近沒有廁所，而火苗迅速點燃塑膠盒，我立刻把塑膠盒放在地上。火愈燒愈大，冒出陣陣濃煙。

這時有路人看到我的窘境，便遞了滅火器給我。我第一次使用滅火器，按了一下，有很多白色泡沫噴出來，馬上就把火撲滅了。而有人因為看到濃煙，拉了火警警報器。ＭＩＴ好幾棟樓開始紛紛疏散人員，消防人員也來了。他們看到火勢已經撲滅，就馬上離開。

接著，ＭＩＴ環境健康安全部門來找 D-Lab 的同事和我談話。起火原因是我炭化的紙塊都很厚，雖然外表冷卻了，裡面還是很炙熱。所以，從炭化爐一拿出來，碰到空氣便點燃起火了，而我也不應該把這些剛出爐的炭塊放在塑膠材料裡面。

「下次如果再發生這種意外，請不要用滅火器自行撲滅火勢。」他們說，「我們寧可你們拉下火警警報器之後盡快逃離現場，讓消防人員處理。」

我們討論了一些安全措施，確保這種事以後不會再發生。經過這次事件之後，我們更加小心謹慎，最後安然無恙地成功測試了一些小型炭化的流程。

重返肯亞，解開心中謎團

同時，我也開始計畫二〇一二年一月再去肯亞一趟。不僅如蘿拉說的要了解木炭的使用及源頭，也想去那裡做些小型測試。有位學生雅各（Jacob）也有興趣跟我去肯亞。因此我又回到ＭＩＴ的「公共服務中心」，和愛麗森（Alison）面談了一次，並向ＭＩＴ的國際發展協會與列格坦（Legatum）中心的兩個募款機構提交申請書，最後總共募到了八千美元。

二〇一二年一月初，我如願以償又回到了肯亞，回到那熟悉的貧民窟。肯亞的朋友看到我回來都很高興。但這次我不是來當顧問的，我是來探索的，我想要知道利用廢物製炭能否受到當地市場的青睞。同時，我們這次肯亞之行的主要目的是要追溯木炭的源頭，即木炭從哪裡來？價格多少？需求多大？

一開始，雅各和我先做好一份問卷調查，我們想回到貧民窟的家庭，多了解他們用木炭煮飯的方式。我們再次請當地義工幫忙翻譯問卷，然後帶我們去和不同的家庭面談。

我們發現，當地家庭每個月的平均收入約為三十美元，花在木炭上就要十美元，等於三分之一的收入都是用來買燃料！這真是令我們難以置信。

那麼，木炭為什麼會那麼貴？

我們打算問問賣木炭的人。但他們生性多疑，我們花了一些時間逐漸取得他們的信任。他們說，木炭之所以那麼貴，是因為在肯亞運輸及買賣木炭是違法的。而木炭幾乎是從鄉下長途運到城市，運輸成本本來就很高，加上沿路塞給警察的賄賂金，因此當木炭送到他們手裡時，先前累積的費用已經十分驚人。然後他們又批發給貧民窟裡各個小型批發商，從中抽取一些利潤，所以貧民窟家庭的木炭費用，涵蓋了這一切的運輸費、賄賂金及交易商的中間利潤。

我們觀察商人和貧民家庭交易木炭的情形，也了解到不同樹木的木炭有著不同的密度及溫度，因此價錢也不一樣。

「你們一天大概賺多少錢呢？」

「大概五美元吧！」

「木炭都是從哪裡來的？」

「每週會有大卡車從鄉下送來。」

這些卡車非常難追蹤。但一位肯亞朋友認識魯姆魯提（Rumuruti）地區的森林協會處長，說那裡有人在砍樹製炭。

為了追蹤木炭的源頭，我們有天坐上野雞車，來到肯亞鄉間。去魯姆魯提的道路很窄，中途還得換乘摩托車。沿路的路況很不好，顛顛簸簸了約一小時後來到魯姆魯提，那時我覺得自己的五臟六腑已被顛得移位了。

森林協會處長熱情地歡迎我們。「我們的森林每天都有人偷偷伐木製炭，砍伐速度比種樹的速度快很多。」他說，「如果他們不停止，這片森林再過二十年就會完全被砍光了。」

那天下午，他帶我們進入森林，沿路的地上都是砍樹和製炭的痕跡。走了一公里多，我們在森林深處看見一個違法的製炭工程，一個土丘上面冒著縷縷黑煙。

我想要和他們談。他們一開始戒心很重，但森林處長認識他們，先上前和他們聊一聊，解釋我們前來的目的。

「你們製炭要花多大工夫？」我問他們。

「很費力的。」他們回答，「砍下樹後必須埋在地下點火。火候要隨時控制，要不然可能會燒成灰。大約兩個星期後，掀開來就是炭了。」

「這樣能賺多少錢？」

「這樣一噸炭大概四、五百先令。」這個金額大約台幣一百多元。一噸炭等於一棵大樹。

「你們知道這樣會嚴重破壞環境嗎？」

「我們很了解。我們也不想破壞環境啊，但這是我們在鄉下唯一知道可以賺錢的工作。」

我們又問了其他製炭交易的情況。

森林處長忽然提醒我們：「天快黑了，我們得趕快回去，剛才好像聽到大象的叫聲，希望回去的路上不要碰到大象。」

後來，森林處長說，這裡製炭的理由是因為大家都太窮了，沒有其他就業機會。「你們MIT在研究的廢物製炭方法如果可以幫助當地人帶來收入，我相信他們會放棄砍樹製炭的。」他說。

「你們當地有沒有農作廢物？」我問他。

「有玉米梗及玉米葉。」

「那我們可以試試。」

廢物製炭，造福貧民

隔天，我們把製炭反應爐的模型畫出來；我們的反應爐是根據 D-Lab 的設計改造而成，所需要的鐵桶、鋼板等材料在當地都找得到。我們請當地的銲工幫忙銲接，結果一天就做好了反應爐，只花了約二十美元。

接著我們把一些玉米廢物放進鐵桶，小心地在下面點火。一開始有些濃煙冒了出來，但不久就沒煙了，竄出的是紅色火焰。我們用鐵蓋蓋住火焰，讓裡面冷卻。一個多小時後，我們打開蓋子，發現裡面的玉米廢物成功被炭化了。然後我們把炭化的玉米廢物壓縮成一個個炭塊，放在爐子上點火，真正地用它們煮起食物。

森林處長和村民看到都非常興奮。之後幾天，我們也在鄰近的兩個村落重複展示這個製炭技術。處長說他們會有計畫地把這個技術推廣到附近七個村落。

我們待在魯姆魯提的時間很短暫，馬上又回到奈洛比，剩下的時間就研究這種製炭技術是否適用城市的廢物。因此亞佛瑞的組織馬上把我們介紹給旗下一個垃圾管理的青年組織；肯亞有很多這類青年組織，一組約十到二十人，像合作社一樣，負責各種不同但能獲利的活動，例如洗車、做手飾等。那時肯亞政府並未提供可靠的垃圾收集服務，因此這個青年組織每週在貧民窟附近挨家挨戶收集垃圾，然後帶回他們的中心進行分類，塑膠、鐵罐等則賣給回收商。

目前，他們收到的有機廢物（如食物、葉子）都沒有適合的回收方式，絕大部分不是填埋在傾倒場或就地放火燒掉，因此經常造成環境汙染。雅各和我一起去看了他們的有機廢物種類，然後想辦法再嘗試研發炭化這種混合廢物的方式。

奈洛比遭搶，心有餘悸

這次的非洲行和以前不一樣，是由我主持策畫的。雖然更加自由，但我一開始在人身安全上拿捏得不是很理想。

以前，我在非洲的人身安全都是由別人費心安排，這次沒人幫忙安排或提醒，也可能是我去了非洲很多次，都沒發生什麼安全性事故，因此我的警戒心鬆懈了下來。這次發生的第一件事，就是我的手機在貧民窟不小心被偷了。

當我送雅各離開肯亞之後，我又在奈洛比待了兩天。一天傍晚，我從貧民窟回家時打算抄捷徑，步行穿過一個沒走過的社區。

路旁有一些婦女、小孩，大家都盯著我看。我被他們盯得全身發毛。似乎我引起了很大的注意力。這時有位少年迎面而來，一直盯著我看。他繞到我身後，在路旁停下來講電話。本來我想原路折返，但因為剛才被他看得毛骨悚然，不想再經過他旁邊，便硬著頭皮繼續往前走。

走了約一公里，有個下坡路段，山底就是我熟悉的街道了。這時剛才講電話的少年從側面岔路走了出來，快步穿過馬路，跑到我的身後。

當我回頭看他時，一個可怕的念頭瞬間閃過腦海：「天啊！他要搶劫！」

這時我看到他凶狠的眼光，他的左手揮著一把刀。

我離下方人多的馬路已經不遠了，於是拔腿就跑。這時有股力量拉住我，把我絆倒了。

我恐懼得大叫，腦子裡閃過的是他刀子刺入我後背的感覺。

刀沒有刺下來，我卻感覺到有個東西頂住我的脖子後面。他俐落地拿走我放在塑膠袋裡的相機，快速往回跑，而我也往另一個方向狂奔而去。

所幸，我只有手肘微微擦傷。護照和錢都沒放在身上，因此沒事，否則後果不堪設想。事發後一、兩天，我整天都疑神疑鬼，不敢單獨走在街上，好像隨時會有人搶劫我的財物。晚上也會作惡夢，一直夢見到那搶匪猙獰的眼神及他手上握的刀。有位ＭＩＴ同事以前也曾在南非遭搶，她說被搶之後，有一個月的時間不敢獨自搭公車或外出。

無論如何，這種創傷終究會慢慢痊癒。接下來幾年，我仍多次前往肯亞和印度，也多虧了這次經驗，讓我學會保持警戒心了。

第十章

挑戰創業

二〇一二年二月回到ＭＩＴ之後，我開始思考未來的計畫。首先，我想在暑假時再回去肯亞推展我們的製炭計畫。同時，我也一心想贏得ＭＩＴ全球挑戰的獎金，用這筆獎金資助暑假的經費。

全球挑戰的截止日是四月。申請時，每一隊都得遞交一份非常詳細的兩年計畫書，例如，我們有什麼與眾不同的新穎之處？這個案子要和誰合作？在哪裡舉辦？有哪些主要的里程碑？得到的獎金如何使用（必須附上詳細預算）？兩年後，計畫要如何繼續下去，還是等到獎金用完便收攤？

為了準備這項競賽，我主導及拍攝了一個五分鐘短片。我也請實驗室好奇的同事協助我拍攝。我們和蘿拉再次碰面，告訴她我們在一月學到的一切，以及討論我們該如何寫這份計畫書。

「你們已經在魯姆魯提有一個成功的案例了，為什麼不藉此去肯亞鄉間各地訓練當地村民，讓他們學會製炭呢？」蘿拉問，「他們用剩下的炭還可以運到奈洛比賣給貧民窟的人。」

「可是我們發現，奈洛比附近有很多有機垃圾，如果我們可以成功地訓練都市青年組織將有機垃圾進行分類，然後賣給我們，那麼我們就可以省去從鄉下運炭到都市的成本了。」我說。

「我不認為在都市分類和運送家庭的垃圾，會比把鄉下的農作物炭化來得簡單。」蘿拉說，「不過，我鼓勵你們自己先嘗試之後再說。」

「另外一個問題是，我們日後的資金從哪裡來？我不希望像非營利組織一樣，必須年年募款。」我說。

「你們可以成立一家公司。如果賣炭的盈餘比用垃圾製炭的成本還高，就可以利用盈利來支持你們的運作和成長。」蘿拉說。

考慮了各項因素後，我們決定，魯姆魯提的案子看起來雖然頗令人興奮，但我們短期仍會把焦點放在和奈洛比的非營利組織與其旗下的垃圾管理青年團體合作。這些青年團體已經在收集並分類城市的垃圾，我們可以請他們把適當的有機垃圾分類出來，賣給我們做炭化，然後我們再把炭化的炭塊以低價賣回給貧民窟的居民。我們可以從中獲利，進而有資金能擴展業務。

校園創業的標竿

我之前並沒有「成立公司」的想法。當時，滿腦子想的只是如何能在ＭＩＴ的全球挑戰競賽中脫穎而出，因此首要之務是要做到「創新」。

「創新」和「創業」雖然不同，但兩者息息相關、相輔相成。當你有個前所未有的想法、又想要把它變成現實時，創業便是一個相當好的選擇。

我從「全球挑戰競賽」的過往參賽者中，看到了很多把創新和創業成功結合的先例。例如，亞摩斯．溫特（Amos Winter）在二〇〇五年取得ＭＩＴ機械工程碩士學位後，他向ＭＩＴ「公共服務中心」募款，去坦尚尼亞和殘障人士的組織合作。

當時他看到殘障人士用的輪椅無法在鄉間顛簸的路上行動，因此他回到ＭＩＴ做博士研究時，花了一年半時間去思索一個更好的輪椅設計，叫做「創新槓桿式輪椅」（Leveraged Freedom Chair, LFC）。他也在ＭＩＴ開了一堂名為「發展中國家的輪椅設計」的新課程，讓許多學生來研發並改進他的ＬＦＣ。亞摩斯和他的學生一起去坦尚尼亞、肯亞及越南測試他們不同的ＬＦＣ設計。測試過程中，有殘障人士表示他們的設計太重、太不穩定了等問題，他們回到ＭＩＴ後，便根據這些回饋意見，一次又一次不斷改良設計。

從ＭＩＴ畢業後，他的博士後研究仍然聚焦在ＬＦＣ上。ＬＦＣ後來在二〇〇八年的ＭＩＴ全球挑戰競賽中獲得了首獎，也在美國陸續申請了兩個專利。亞摩斯輪椅設計課的學生提許．史科尼克（Tish Scolnik）二〇一〇年畢業後，成立了一家專門生產製造亞摩斯輪椅的公司（GRIT），銷往美國國內市場及海外。

提許現在是GRIT的總裁，而亞摩斯為GRIT工作了一陣子之後，回到MIT的機械工程系擔任教授，仍為發展中國家（如印度等）做工程設計創新。

另一個例子是夸米．威廉斯（Kwami Williams），他是我在D-Lab設計課的同學（和我一起設計手動離心機的隊友）。他來自迦納。記得他一直想要當火箭工程師，想要去美國太空總署（NASA）或特斯拉老闆馬克斯（Elon Musk）旗下的航太科技公司SpaceX等機構工作。二〇一一年夏天，夸米和D-Lab的同學艾蜜莉（Emily）回到了他迦納的老家，遇到當地農民，發現他們在種植一種辣木樹（moringa），這種植物的葉子十分有營養。農民問夸米：「你們可以幫我們銷售辣木樹的產品來賺錢嗎？」

於是，兩人回到MIT後開始設計能採收辣木樹葉與其樹油的科技。他們發現，辣木在非洲以外的地區是一種罕為人知的樹種，因此他們研發出一種從辣木樹萃取出來的植物油，號稱是保養肌膚的聖品。他們在美國成立了MoringaConnect公司，並在朋友之間銷售辣木油。那時我在MIT史隆商學院認識台灣「綠藤生機」公司的總裁，便把他介紹給夸米和艾蜜莉認識。所以，現在在台灣也能買到這種來自迦納的公平貿易辣木油。

我再舉一個例子。二〇〇九年，三位MIT史隆商學院的新生去了奈洛比的一處貧民窟，發現當地的公共廁所不敷所需。因此，很多人把糞便裝在塑膠袋裡，隨意丟到大街上，很多小孩甚至直接在街上的水溝裡大小便。

於是，這些商學院的學生創立了Sanergy公司，設計了一種輕便的小型廁所。當地居民購買了一個廁所之後，就能向上廁所的訪客收錢。同時，Sanergy 也雇人去各個廁所收集大小便，然後處理成一種有機肥料，可以賣給當地的農民。

二〇一一年，Sanergy 團隊得到了MIT創業大賽的大獎（十萬美元），此外，也獲得了美國國際開發署（USAID）提供的十萬美元創業基金。他們於二〇一一年從史隆商學院畢業後，整個團隊便搬到奈洛比，創立了這家公司。截至二〇一七年七月，Sanergy 已經安裝了一千一百個廁所，為五萬四千人提供衛生服務。

社會企業的急先鋒

我們當時並不知道，這些MIT學生其實正在挑戰一種新的創業極限。一般而言，MIT所熟悉的傳統創業公司幾乎是從已開發國家（如北美、歐洲等）開始經營銷售，再向海外發展。在二〇一〇年代初期，幾乎沒有聽過有哪個營利事業會從發展中國家開始經營，更意想不到的是，我這些朋友的公司除了牟利以外，還具備社會責任感，不管是增加殘障人士的行動能力（GRIT）、幫助小型農民的收入（MoringaConnect），或是提升都市的衛生服務（Sanergy），這些新創公司的核心價值都是在賺錢之餘，也能同時行善。

其實，MIT一開始對這些學生去發展中國家創立所謂的「社會企業」抱持懷疑及保守的態度。記得二〇一二年我和MIT創業中心的比爾・奧萊特（Bill Aulet）教授面談時，他跟我說：「世界上沒有社會企業這種東西。如果你要為社會服務，你必須先賺錢，再決定要把賺到的錢投到哪裡。」

當初 Sanergy 去和奧萊特商談時，奧萊特也是一開口就問他們：「你們是認真要開公司，還是只是一個非營利組織想在我的創業中心玩玩？」

不過，這幾年MIT的態度也在這些學生的影響下慢慢有了改變。二〇一六年，奧萊特的MIT創業中心新聘任了一位對發展中國家有經驗的導師，二〇一七年，MIT的創業大賽也新設了一個「發展中國家創業獎」，顯見「社會企業」已受到大家的注意與重視。

創業大夢初醒

我在探索用廢物製炭的方法過程中，不知不覺就和MIT社會企業的這群人有了接觸，甚至成了朋友。在他們的耳濡目染下，我的雙眼被擦亮了。

以前，我不是沒有接觸過創業，可能是時機未到，我對創業一直興趣缺缺。記得在MIT的早期階段，我曾被朋友拉去聽一些創業講座。聽著台上的人講什麼團隊、商業計畫、智慧財產、財務報表等，我聽到快睡著，當然也就不會學到什麼新東西。

而且，我當時對於公司和創業存在一種錯誤的刻板印象。我以為身為公司總裁，每天都得穿西裝打著掐人脖子的領帶去辦公室上班，管理員工和公司業務等。我一廂情願地認為，這些企業總裁一心只想著賺錢，以及取得更大權利來呼風喚雨。

或許某些公司的總裁確實如此，但這並不是我在MIT創業同事間所看到的。我從他們身上發現，創業的初衷是要為世界帶來改變。身為人，我們通常多少不滿足於現狀，而對未來有更美好的憧憬。當心中存有夢想時，創業是可以把夢想在現實世界裡實現的一條途徑。

二〇一二年三月底的某一天，創業的念頭在我心中蠢蠢欲動，我想或許我也可以成為創業家。因此，我們在遞交全球挑戰的參賽申請書時，所描述的不再是一項學生的嗜好，而是一家公司：我們要用全球挑戰的獎金作為創業的第一桶金。

第十一章
脫胎換骨

二〇一二年三月，我的Takachar製炭方案有了隊名、團隊和資金，看來有了一些氣勢。我在其他同事的影響下，也開始動念準備創業。

我在思考這一切的同時，目光漸漸看得更高、更遠。以前，我一心只想幫忙奈洛比的貧民窟，然而，一旦我們研發中的科技成功了，如同蘿拉所說，我們能幫助的將不限於這個貧民窟，而是世界上二十多億的人口。現在，世界上大部分的木炭都來自伐木，因此價格昂貴。想像有一種方法能把不同的有機廢料轉換成炭，我們不僅可以提供一種更廉價的燃料，也有助於降低世界各地的森林遭到濫伐。

這項科技所帶來的商機潛力，可以從一年數兆美元起跳。

我的心急速躍動著，這是一家新興公司的心跳。我似乎走進了一種神馳境界，體會到一種前所未見的巨大喜悅！

找到使命感，驅策創業

這是一種發自內心的熱忱：當一個人的經驗（對我而言，是對發展中國家的工程設計）與本身的興趣（對製炭的研究）相契合，又能營利維持生計（創立公司），將會激發一股強大的使命感以及對未來的憧憬。

在這股強大使命感的驅策下，我整個人因此而脫胎換骨。我以前十分內向、害羞，很害怕在大庭廣眾面前演講，怕自己講錯出糗，缺乏在公眾場合侃侃而談的氣勢及才能。但是從二〇一二年三月開始，每當我站在台上談論 Takachar 時，我似乎變成另一個人，站在台上的是 Takachar 的代言人，而不是私底下害羞靦腆的我。

因為這股強大的使命感，我無怨無悔地全心投入其中。也從二〇一二年三月那一刻起，我深信自己在這幾年間所做的一切都是值得的。即使我所研發的這項科技功敗垂成，或是公司不賺錢，我也無怨無悔，因為在實現使命的過程中，我所得到的經驗和學習便是最好的回報。

這股強大使命感讓我進入廢寢忘食的渾然忘我狀態。就從二〇一二年三月開始，每天早上起床後，我想的便是 Takachar，每天晚上就寢前想的亦是 Takachar。這不是一份朝九晚五的工作，而是一個事業。

因著這股強大的使命感，我彷彿被自己的天命所掌控。想當初，得悉實驗室老闆要去荷蘭時，我常常深陷於不同的選擇中而無所適從，不知道該選擇什麼才好。無疑地，我對未來的生涯規畫自然也是茫然無措。從二〇一二年三月那一刻，我對未來一切的選擇彷彿撥雲見日般清澈許多。但這並不表示我從此做決定不再猶豫，或每次的選擇都是對的，抑或我的目光能看得長遠，只是我發現未來幾年，每當我要做重要抉擇時，似乎都有一雙無形的手把我推往一個既定的方向，而把其他的可能性阻絕在外。

曾經有很多人問我，我當初我可以繼續待在學術界，或是當顧問，或是去企業界等，為什麼我那時候選擇了創業？

我覺得這個問題問得不對。我從來沒有刻意選擇創業，而是基於一個強烈使命不得不然。我的熱情被這個製炭的想法所激勵，而創業是把它實踐出來的最好方式。對我來說，創業是一種達到目的的手段，而不是目的本身。後來，當這股製炭的使命轉變為一種長期研發的需求時，我也心甘情願地從創業第一線隱退，改變自己追尋使命的手段。

有一位教育學者曾經問我，我們要怎麼教創業，才能讓學生更積極、更有熱情地去創辦公司呢？

這個問題就問得更不對了。有些人認為創業是可以教的，像是ＭＩＴ創業中心的奧萊特教授，但我覺得授課頂多只具有輔助功能，用來幫助對創業有興趣的人提升成功的可能性。

我深信，創業的初衷來自於內心一股強烈的使命感。如果只為了賺錢或成名而創業，一旦遇到困難或瓶頸，這些念頭可能不足以支持你繼續前進。而這種發自內心的使命感是無法傳授的，必須親身體驗。

那麼，如何培養、激發這股內心的使命感呢？有些人可能從小就知道自己的志向，有人可能盲目探索了幾十年後才知道，也有人心中的使命感可能會隨著世事的變遷而必須重新定位。我認為摸索並確立個人志業的方法，就是盡可能廣泛接觸各種不同的機會去探索自己的興趣，並嘗試不同的工作體驗，然後慢慢地朝自己感興趣的方向培養優勢。在我年輕懵懂時，使命感對我來說只是一個抽象概念，可是當你真實遇見了觸動自己心弦的使命時，那種感覺是不需要有科學質疑的，也無需透過過去的經驗來印證，那種感覺是如此真實無疑。

ＭＩＴ目前給我的最好教育並不是教我怎麼創業，而是透過像消防栓式的各種不同機會與資源，讓我有可以諮詢的導師、可用的經費，也受到鼓勵，來充分探索自己不同的興趣。從製作濾水器、研發連鎖磚建築材料、參加救護車隊及當診所顧問等，一路走來，最後選上了製炭。有了正在創業的同事作為典範，ＭＩＴ讓我了解到創業的初衷及其可能性。

而ＭＩＴ未來幾年將要給我的最好教育，便是教我如何實現我的願景。ＭＩＴ重視實踐的文化，不要學生只是乖乖地坐在課堂上聽課，做個只會點頭的應聲蟲，它鼓勵學生捲起袖子親身實作，甚至有時做出一些破格的事，也在可包容的範圍內。

一心二用，舉棋不定

這時的我為了測試製炭技術、管理團隊、為暑假募款、和每個可能的合作夥伴聯絡等事忙得天昏地暗，但也不覺得苦，而正打算要破格的事，便是我的博士研究。

「你要小心一點。」史提夫在實驗室對我說。我剛剛在實驗室做了一個一小時的簡報，說明我最近的研究進度。

「我們出去喝杯咖啡吧？」我問他。他爽快地答應了。

我們在咖啡館坐定後，我劈頭就問他：「你叫我要小心一點是什麼意思？」

「你剛才簡報中提到的數據都是在沒有經過思考的情況下便攤開來給大家看，沒有人看得懂你要做什麼。」史提夫說。

「我自己對這些數據的表現確實有些疑惑，所以想請大家給我意見。」

「這場簡報不是你爭取大家意見的時機，而是必須證明你充分掌控了你的數據和研究。但聽完之後，我一點都不認為你充分掌控了你的研究。」

「那你覺得我該怎樣做才能改進我的研究品質呢？」

「你現在還在上課嗎？」

「只剩最後一門課了。」

「還有其他業餘活動嗎？」

「有。可是我不知道如何跟老闆啟齒，我現在還經營了一間新創公司。」

「我終於了解你的情況了。」史提夫說，「你在新創公司上花多少時間？」

「每週大概十五至二十小時吧！」

「那你應該拿個碩士學位就好，然後馬上去全職創業。為什麼還要等博士課程結束呢？」

「我的博士研究已經走了這麼遠，好歹把這條路走完吧！」

「可是你才剛開始而已！」史提夫說，我那時候不是很了解他的意思。

「你要在MIT做博士研究的目的到底是什麼？」史提夫繼續問。

「實驗室裡有很多同事在準備取得博士學位的同時，也都在準備其他的職業。」我說，「等畢業之後，才正式轉到其他行業。別人都可以這樣做，我為什麼不行？」

「我擔保他們對於別的職業沒有像你現在這麼熱中。我認識MIT很多學生，掙扎了好幾年後，好不容易拿到一個博士學位，最後還是不知道要做什麼。」

「說實在的，我現在才剛開始創業，風險非常大。我還沒有那種勇氣完全放手去做。我寧願抓緊我所熟悉的一切，先利用業餘時間創業，試試看後再說。」

「可是你這樣兩者都無法專注，無法發揮所有的潛能。」

「那請你告訴我，如果我想做好一個博士研究，必須做到什麼地步？」

「你必須全神貫注。它必須變成你生活的每一部分。每天早上起床想的第一件事，便是你的研究；每天晚上睡覺前想的最後一件事，也是你的研究。」史提夫閉上眼說，「如此幾年下來，你會發現宇宙何等浩瀚、研究是多麼困難，而你自己又是多麼渺小。你會走進一種忘我的境界，而你也會因此完完全全地謙卑下來。幾乎所有研究的基礎貢獻，都是在這種心態下產生的。」

我理解史提夫的意思，因為他的談話在我聽來，他也像是被一種強大的使命感所驅策，在實驗室的研究裡發現自己的熱情所在。我多麼希望自己也能如此熱愛我的研究，不過為時已晚，我已經踏上另外一條岔路，朝我心之所嚮行去。

「很遺憾的是，我覺得在專注 Takachar 之餘，恐怕沒有多餘心力如此專注於研究了。」

「如果你堅持要做博士研究並且兼職新創公司，唯一的方法就是讓你的實驗更加專精。你一次只能專注在一個實驗上，不能又在別的實驗上分心。在經營公司的其他時間，你做實驗和分析都得在有限時間內格外用心，一點都不能有其他分心的事。」

「你覺得我應該跟老闆講我創業的事嗎？」

「你應該和他談一談。這不會是一次輕鬆的談話，不過是遲早的事。」

「他會叫我退出他的實驗室嗎？」

「這就要看你怎麼談了。」

攤牌時刻

一個星期後，我去見我的老闆，先和他談我的實驗進展。

「令我有些擔心的是，你目前的研究似乎還不能獨立。你已經是三年級的研究生了，不能凡事倚賴別人。」他說，「今年九月我就要去荷蘭了，這個ＭＩＴ實驗室只能再開兩、三年，之後就得關閉。我們必須讓你在那之前可以準備好畢業。」

「史提夫已經跟我說過這件事，我也在努力改善，讓自己在實驗上更專注。」我說。

「你現在還有在上課嗎？」老闆問。

「只剩最後一門了。」

「你還有其他的業餘活動嗎？」

這場談話完全是照史提夫一週前的劇本演出。此時此刻，我多麼想即興地偏離劇本，插入一段小小的謊言。我有一些同事私底下都瞞著教授準備其他的職業，甚至暑假偷偷跑去別的公司實習。我為什麼不能像他們一樣呢？

可是，這時我腦子裡只有一個很單純、但很有權威的聲音說道：你不能欺騙老闆。

我深吸了一口氣後，便直言不諱地開口說：「我現在同時有一間新創公司。」

第十二章
豁然開朗

日期：二〇一二年四月十一日二十一點十九分
主題：實驗室外的專業活動

親愛的大家：

我想提醒大家，你們是實驗室的全職員工。因此在全職以外，不允許還從事任何其他專業活動，例如兼職新創公司或研修與研究無關的課程。這不僅對你們的研究進度有害，而且浪費納稅人的錢。這是違法行為。我相信這不適用於大多數人。如果你符合上述條件，你必須和我談談。

我們從未看過老闆用這種口氣寫信給我們，大部分不知情的人都在議論紛紛。

殺雞儆猴

有一位實驗室的博士後研究員也在大家不知情的情況下兼職經營自己的新創公司，還以為老闆的矛頭是指向他。他事後向我透露，他那天幾乎整晚沒睡，一直在電腦上鑽研他的MIT職員合約書，想知道自己到底有沒有觸法。

兩位曾協助我錄製 Takachar 影片的實驗室同事也嚇得幾乎魂不附體，馬上問我有沒有供出他們的名字？當我擔保沒有這麼做之後，他們都鬆了一口氣，立即跟我的創業項目切割開來。但其中一位不僅幫助我創業，也修了數堂管理課，考慮過後還是去跟老闆自首。她說老闆原諒她了，不過老闆對我還是很生氣，聽起來他會要我在研究和創業之間做選擇，她提醒我小心一點，一定要步步為營。

那晚讀了老闆的信之後，我的整個背脊發涼。當我對老闆透露我創業的事情時，我知道自己情節重大，但仍天真地希望他能夠理解並網開一面。然而那封信的措詞強硬，幾乎有一種殺雞儆猴的意味。所以，我打算找女友談談這封信。

「看來你走到人生的十字路口了，」她我淡淡地說，「會發生這樣的事其實一點都不令人驚訝，你必須做出重要抉擇。」

我跟她說我打算暫緩創業，努力完成博士研究。老闆要搬回荷蘭，是好是壞，反正我三年內可以畢業。

「我求你不要再繼續做這個研究了！」她突然變得很激動，但語氣堅定地說，「你的心根本不在這上面，簡直是浪費時間。倘若三年後真的畢業了，你只不過在拖延現在必須做的選擇。」

「難道我不能拿一個博士文憑嗎？三年半了，我的研究已經走了這麼遠的路，現在如此草草結束，不是太可惜了嗎？」

「十年後會有人在乎要稱呼你宮先生或宮博士嗎？況且，我不覺得你在這項研究上走了多遠的路……你才剛開始！」這句話對我有如醍醐灌頂。我不禁反思自己在過去三年多的時間裡，心有旁鶩，讓我無法全心專注在博士研究上，地基也打得不夠深。我認為我在研究之路上已經走得很遠，其實只是在欺騙自己罷了。

最後我問她：「如果你是我會怎麼做？」此時，我只感到極度恐懼和焦慮，根本無法靜下心來思考。

「把你現在的研究寫成一篇碩士論文畢業，使你的履歷表上不會沒有成績，然後去肯亞創業。」

「我仍然覺得，就這樣中途輟學，等於是面對困難不戰而敗。何況，在ＭＩＴ找創業人才會更容易些。說不定我完成博士研究時，可以找到商學院的人替我創業。」

「如此一來，這公司就不是你的了。我不了解，世界那麼大，難道除了ＭＩＴ就沒有人才了嗎？況且我也不覺得你會輕易放棄，因為你將要走的創業之路會比現在的路加倍艱辛。

但我勸你還是不要再待在這個實驗室了，這個研究項目對你來說簡直是垃圾！」

談完之後，我沒有做出具體的決定，但我同意，我不能再繼續留在實驗室。我可以隻身前往肯亞創業，但我不喜歡沒有評估就草率地朝此高風險道路跳下去。我是一個很謹慎、也不喜歡改變的人，這是我人生中空前重大的轉捩點，我必須深思熟慮，我想知道如果創業失敗，我是否還有其他備胎？換言之，到時候我還能回來MIT完成博士學位嗎？

我跟我的生物工程系主任談到此事，他支持我的選擇，認為我找到了一個精彩的機會。「MIT有一項條款，研究生可以因為各種因素暫時休學，如果一年內返回，可保留自己的學位繼續進修。」他說，「但你應該在休學前找到另一個願意付你薪水做研究的實驗室與指導教授，以便你回來時馬上就有研究題目作為論文。」

因此，我又得回去再和不同的實驗室談一次戀愛。依據我過去的經驗，這場戀愛至少要花幾個月的時間才能談成，而我的首要之務是為自己談判出一段緩衝時間。

一星期後，我和老闆有了後續談話。我首先向他道歉，並說我打算暫時休學。他對於我的決定有些驚訝，但表示支持，也慷慨允諾會資助我一學期的薪水，而且會讓我在年底前完成碩士論文，同時去找別的實驗室。

山窮水盡

我和學長史提夫提起此事，這時他已離開我老闆的實驗室，找到另一位指導教授了。

「哇塞！你把老闆搞得真火大！」他咧嘴笑說，「不過這已經是你所能談判到的最好結果了。我一直不了解，你和你的那些同事為什麼一直執著於待在這個實驗室呢？你要知道，除非你有意和老闆去歐洲繼續做研究，否則繼續待在他的實驗室，只有死路一條。他今年移居歐洲之後，他對MIT實驗室的關注以及投入的經費只會愈來愈少。你們已經漸漸感受到這間實驗室的種種摩擦和衝突了，將來只會更嚴重。我相信，如果你是以老闆要離開MIT為前提，而去找其他的指導教授，他們看了你這三年的經驗，會覺得你是個很具吸引力的人才。」

說起來簡單，做起來卻很難。二〇一二年，美國的研究經費處於緊縮狀態，很多教授都不願意雇用新生。況且，這時我已經有了明確的興趣，想找與環保或發展中國家相關的研究項目。我就讀的生物工程系那時做這類研究的教授寥寥無幾，在發了一些沒下文的電郵之後，我開始找系外的教授。好不容易聯繫上一位教授，跟他碰面談了我的興趣。「我的實驗室並無此類研究經費，」他對我說，「你可以加入我其他有經費的實驗計畫，但我不能建議你違背自己的心意。」他的話讓我聽了很難過。我好不容易平息了內心的掙扎，心靈上是自由了，卻久久找不到可以和現實世界整合的下一步。

我也有考慮其他的道路，像是申請與發展中國家有關的工作，如此我在肯亞既有薪水可拿，也能創業，但我投了很多履歷表都石沉大海。願意和我面談的幾個人都無法理解，具有生物工程研究背景的我，為什麼要去肯亞做毫不相關的工作？

六月，我回台灣，想在這樣的混亂中休息一陣子。我的父母聽了我說現在的博士研究做不下去、想去肯亞創業一事，也對我的抉擇感到憂心忡忡。

「怎麼到了二十幾歲才開始叛逆呢？」母親發出這樣的感嘆，認為我的決定是不按牌理出牌。

父親則認為我的創業想法還不成熟，現在去肯亞，以後只會後悔，因為創業哪有那麼簡單？「人生做事一定要有目標。你應該去企業累積幾年經驗，以後再來創業也不遲。」

柳暗花明

七月，我在MIT機械工程網站上看到了艾力克斯・史洛康（Alexander Slocum）教授的簡歷。他對機械設計及再生能源頗有研究，也從他的研究項目裡成立了不同的公司。我打算寫信和他談談。我發了電郵後，不到一小時就收到他的回信。

「我的實驗室現在很滿，而且明年我會休假一年，所以時機可能不太合適。」他開頭如此說，但他話鋒一轉：「不過，我對你的研究很感興趣。你的老闆是誰？他為什麼要離開MIT？你過去三年的研究是……？（你有發表任何文章嗎？）你的公司是做什麼的？（有網站嗎？）還有，你喜歡跑步嗎？」

一連串的問題，我小心翼翼地一一回答。關於最後一個問題，緣由是他每天早上都會跑步超過十公里，因此他邀我邊跑邊談。賓果！雖然不知道結果會如何，但是談談也無妨。

通常和教授面談我會穿得正式一點，但既然是和他在炎熱的夏天跑步，我決定穿短袖短褲去見他，希望他不會見怪。而他除了短褲，大剌剌的什麼都沒穿，滿臉鬍鬚，給我的第一印象是像極了一頭熊。

他先問我的背景和興趣，然後開始談到關於創業的科技。他認為有很多公司因為事前沒有做好分析，因此過度承諾而失敗。而有些人只會分析卻不嘗試，因此從未走出學術界。他也說了一些他自己創業的成功故事。

「你為什麼不去為你要在肯亞發展的科技做分析？」他突然問我。我試圖解釋，因為博士研究和創業無法同時進行。

「你的想法真是老古板！如果你加入我的實驗室，我要你在創業時也為你要推展的科技做完整分析。」我們愈談愈興奮，最後他要我把公司及想發展的科技寫成簡短文件送給他，他會試圖說服能資助我的研究的機構。最好的結果是我的博士論文和創業都有了著落，一石二鳥。

跑完步，我氣喘吁吁地回到宿舍，感覺我的人生似乎出現一條嶄新的出路。那時我才認識史洛康教授一小時左右而已，不知道他的腦子裡經常充斥著瘋狂而機智的主意。機智，是因為這些主意讓他創立了幾家公司，也造就了他的名氣；瘋狂，是因為他有很多主意其實其糟無比，完全不可行。但那時候，我還不熟悉瘋狂和機智間微妙的區別，只覺得碰到了志同道合的教授。

第十三章

創業維艱

和史洛康教授跑步面談幾天之後，我把我的創業簡短文件交給他。但是即使拿到了資金補助，那筆錢也是作為我博士論文的研究經費，不能拿來設立公司。因此，我在等待研究資金最終結果的同時，還得籌措創業資金。

首先，我注意到的是ＭＩＴ全球挑戰競賽。我們花了幾個月時間竭盡心力申請參賽，在五月的評審問答上，我覺得我們也答得不錯。最後，我們得到了銅牌獎五千美元。於是，我們有了創業的第一桶金。

我原本打算二〇一二年暑假重回肯亞工作，但是實驗室裡發生的事情已經讓我一個頭兩個大了，而老闆給我的資金僅提供到二〇一三年一月完成碩士論文，我只好忍痛待在波士頓，專心地把研究好好完成。

於是，我派了三位ＭＩＴ學生代替我去肯亞，開始和非營利組織旗下的青年組織合作設立製炭企業。我也和他們每天保持通話，了解進度。

遲到的領悟

我這個時候對於該如何創業仍然毫無頭緒，所以想找導師幫忙。透過朋友的介紹，我向ＭＩＴ的創業指導服務部門（Venture Mentoring Service, VMS）提出申請，這是ＭＩＴ提供給學生與校友的免費創業輔導服務。

ＶＭＳ替我找到了幾位五、六十歲的導師。我第一次和他們碰面時，他們用一種務實的質疑眼光詢問了一些令人很不舒服的犀利問題。

「我不覺得你有創業的決心。」一位導師開口就劈頭對我這樣說。

我以為我聽錯了，請她重複一次。「你能證明你的創業決心嗎？」

我想要開口，但說不出一個字，猶如啞巴吃黃蓮。

她繼續問我：「你現在住哪裡？」

「在波士頓。」

「你的公司在哪裡？」

「肯亞。」

「那為什麼你沒住在肯亞？」

我解釋我正在MIT完成碩士論文，並要籌到足夠的資金。如果幾個月後我籌到了資金、而肯亞的公司還有前景的話，我會搬去那裡。

「試著想像你未來可能會碰到一種困境，沒有人相信你，也沒人願意給你錢。」她看著我，頓了一頓。「你還會繼續嗎？」

「只要我相信我的公司還有前景，原則上會。」

導師聽起來似乎沒有被說服，追問我什麼叫公司的前景？我把未來的目標跟她解釋。

「因為你不是肯亞人，現在人也不在肯亞，我強烈建議你找一個當地可以信任的合作夥伴。」

我告訴她，我們已在和當地的非營利組織合作了。

「我指的是真正的生意夥伴。你要了解，創業有很多種不同的型態，不是每個人都適合當衝鋒英雄。」我當時不是很了解她這句話，但五年後再回顧看這句話，她說的多麼精確貼切啊。

第一次的見面在短短半小時內就結束了。我同意必須找肯亞當地合作夥伴的急迫性，因此我更積極地與肯亞的非營利組織聯絡。

初次創業，四個月收攤

隔了一、兩個星期再和肯亞的組織通話，他們的口氣變了，似乎對待在那裡的MIT學生感到不耐煩，覺得這個暑假待在他們的辦公室夠久了，該走人了。當他們得知我們還打算送另一個學生過去、但我卻未事先充分告知時，覺得不是很高興，甚至拒聽我的電話，也不願意接待我送去的MIT學生。

因此，我接下來有兩、三週的時間都是隔著遙遠的電話彼端來試圖修補彼此的關係。常常一天下來打上兩、三個小時的越洋電話，講得疲憊不堪，欲哭無淚。誰會知道在肯亞的組織裡只要有一個不肯合作的人，就可以把我們的一切都卡關，讓我們十分難堪！

我後來發現，其實那個非營利組織與其旗下的青年組織也有很多摩擦：該青年組織似乎認為非營利組織管太多了，有種起內鬨的意味。我們身為新創公司，萬般不願意捲入這個與我們無關的紛擾當中。這時在肯亞的MIT學生也不想再繼續待下去，因此我們盡快把所有製炭過程及科技都設計好，交給青年組織，我則幫這些學生買機票回波士頓。我在肯亞的第一個創業嘗試在四個月內便宣告失敗。

回首看來，失敗的原因是什麼呢？我檢討過後，歸納為以下兩點：

第一，我沒有親赴肯亞主導自己的公司，反而派兩、三個MIT學生去。我原本以為可以透過Skype或電話充分掌握當地情況，但這是十分天真的想法。我發現，誠如VMS的導師跟我說的，要在肯亞創業，我必須親自坐鎮，因為別人不是自己，也無法期盼他人實踐自己的夢想。

第二，我腦子裡想的只是技術上的困難，遠低估了人際關係及政治性考量。若我在創業先前先和當地的垃圾管理同事談話，就會發現他們一開始也採取和我相同的想法，亦即和當地已在收集垃圾的青年組織合作，透過他們來創業。我也會發現他們和我們一樣，很快地便捲入無關的政治紛爭中，也在不久之後放棄。現在，那個公司的營運制度不是和別的團隊合作，而是自己雇用當地的人。

重整旗鼓，東山再起

雖然第一個嘗試失敗了，但我覺得還有很多問題有待驗證，因此想要親自再去肯亞試一試。雖然我們失去了原先的非營利組織合作，但是在奈洛比及肯亞的第二大城市蒙巴薩（Mombasa）都還有人脈。我想去那裡鞏固這些人脈，成為我們在蒙巴薩回收有機廢物來製炭的合作夥伴。

這也激發我想向ＭＩＴ學習如何創業，因此我選修了D-Lab三部曲的第三堂課「創業」（由ＭＩＴ傳奇人物朱斯特·邦森〔Joost Bonsen〕教授傳授）。同時，我也修了ＭＩＴ創業中心比爾·奧萊特教授所教的「能源創業」。

「你們的第一個功課是徹底掌握顧客的詳細資料（customer persona）。」奧萊特對我們說。「很多ＭＩＴ的工程師以為只要打造了一個很酷的玩意兒，就會有人來買。但很多科技之所以失敗，是因為沒有徹底了解顧客的需求。」

「我要你們去徹底了解所有顧客的價值觀及意見等，例如他們有幾個小孩？愛看什麼電視台？喜歡閱讀什麼東西？他們在工作上最令人頭痛的事是什麼？他們的老闆是誰？他們的下屬是誰？你們必須弄清楚這些細節，才能用顧客的眼光來看你研發的產品。有時，這還會改變你們公司的走向。」

我聽了覺得和以前艾咪所教給我們的東西有異曲同工之妙。雖然艾咪當初並不是在教我們如何創業，但也鼓勵我們盡可能了解鄉村居民的生活細節。我在迦納時，本來要用連鎖磚幫當地人蓋更便宜的房子，最後反而設計了冰箱。

現在，如果我要創業成功，也必須擁有這種探索的心態。我去肯亞不是只考慮製炭科技這個單一事項而已，還要把整個垃圾回收的供應鏈都徹底了解清楚，釐清每個利益相關者的作用及角色。

垃圾回收遇醉漢

我在創業課上認識一位MIT史隆商學院的學生莫熙（Mohit），以及兩位哈佛甘迺迪政府學院的學生瑪麗亞（Maria）和阿里（Ali）。大家對於這個規畫中的公司都感到躍躍欲試，打算組隊募款，在二〇一三年一月休假時去肯亞一起闖天下。

瑪麗亞以前曾在肯亞工作，透過她聯絡上蒙巴薩一個垃圾拾荒者的管理協會，因此來到蒙巴薩以後，我們跟著不同的拾荒者團體，幫他們推垃圾車挨家挨戶地收集垃圾，也把收集的路線用GPS記錄下來。我們也和不同的回收業者面談，徹底了解了不同的塑膠、鋁罐、玻璃、報紙等垃圾如何回收，市場的收購價格是多少，而價格的波動率又有多高。由於蒙巴薩是海港，有很多回收物，透過層層的回收業者加以收集清洗後，都送上運往中國的輪船，我們對於垃圾回收鏈的研究也到此為止。

有一天下午，我們接受拾荒者協會的邀請，來到了不具回收價值垃圾的處理場：基博拉尼（Kibarani）傾倒場。這個傾倒場位在海邊，一直冒著縷縷黑煙，這是來自偶爾焚燒垃圾的火。燒完後，有時會有怪手把它們推到海裡去。垃圾堆上住著一群拾荒者，每當有載滿垃圾的卡車開進傾倒場，卡車尚未停畢，那些人便已爬上卡車去翻撿剩餘的有價值物品。等到卡車離開之後，我們留下來和那些拾荒者談話。在炎熱的豔陽下，站在垃圾堆上，陳腐的臭氣和附近燃燒的煙混合，熏得我有點頭暈。

這時一個喝得醉醺醺的人朝我們走來，大聲講著史瓦希利文，還用手指著我們。我們雖然聽不懂，但他的眼神充滿敵意。那群剛才和我們談話的拾荒者馬上包圍住那名醉漢，試圖安撫他。

「我們慢慢向後退一些，不要接觸他的目光。」莫熙對我們說。我們照做了。不久，那名醉漢便蹣跚地走開了。

後來那群拾荒者向我們解釋，說這個傾倒場幾乎沒有外國人來訪，不知情的當地人看到淺膚色的外國人，因為不清楚我們的意圖，疑心病會特別重。他們為這件事道歉，說大家還是朋友。

我們回到旅館梳洗之後，討論了下午發生的事。「如果我們不認識這些拾荒者，這事件可能會變得很糟糕。」瑪麗亞說。

領導無方，團隊瓦解

我們在蒙巴薩待了三個星期，莫熙、瑪麗亞和阿里都要回波士頓開學，而我也尚未找到任何創業的立足點，想暫時回MIT和團隊及導師討論。在離開肯亞的最後一晚，大家在奈洛比吃晚餐，討論創業的下一步。

「我們可以在不同的社區設置製炭區，由家庭進行分類，把有機垃圾賣給我們，我們則雇用當地人來全職營運。」這是我的想法。

「社區每星期才收兩次垃圾，量太小了，賺不了錢。」莫熙這麼認為，「我們可以直接從基博拉尼傾倒場雇用拾荒者來為生物垃圾分類，由於一天會進來幾百噸的垃圾，我們得蓋一個大型的炭化機器。」

「要是這樣，我們將不再跟青年組織合作，也不再向家庭購買垃圾了。如此一來，就失去了 Takachar 原先創業的社會服務初衷。」我有些不悅地說，對這個提議激不起熱情。

「這是我們唯一能賺錢的辦法。」莫熙說，「你想要讓公司賺錢，還是成為一個非營利組織？」

阿里聽了也不是很高興，他說：「在垃圾堆中撿拾已半腐爛的有機物是很困難的，我不覺得這是一個具有成長性的方案。」

瑪麗亞也擔心地說：「如果像莫熙說的，我們這群外國人在基博拉尼工作，很有可能會槓上當地管理垃圾的黑手黨。」大家都沒有忘記那個醉漢凶狠的眼光。

大家似乎沒主意了，都安靜地盯著我看，似乎在等待我做最後決定。而我那時犯了一個天大的錯誤，我也安靜地盯著大家看，沒有把握機會領導大家。大家的目光接著飄往電視上的足球賽。

過了幾分鐘，莫熙開始對大家講他過去幾天想到的創業主意，這個想法和 Takachar 無關，而是用我們帶來的GPS系統改善垃圾車，以及其他送貨車物流管理的效率。大家都聽著並互相討論，我也裝做很感興趣般參與討論，但心情其實盪到了谷底，因為我的 Takachar 似乎被擠到邊緣角落去了。

回到波士頓後，我和MIT的VMS導師們談到這趟肯亞行的所見所聞。他們認為我們一月份在肯亞的收穫驚人，學到非常多東西，但如果 Takachar 在基博拉尼設立大型工廠，不僅賺不到什麼錢，風險又高，是行不通的。

我也和另一位朋友談了我對 Takachar 最新的想法，他也認為行不通。「你看看美國不同的城市都有一套垃圾處理法。為什麼？」他說，「你要知道，不管你提出的是哪一種商業模式，都市的垃圾管理是很難擴大化的。」這句話好像是個詛咒。

之後，我們的團隊仍聚會了一、兩次，但討論得很沒勁，好像沒了靈魂。

不久，阿里寫信根我說，他最近很忙，必須把時間優先排給他的另外一個創業想法。有一天，我和莫熙碰面討論他的暑假計畫，他也說有可能會去印度找尋創業機會，無法承諾會和我一起創業。而瑪麗亞因為拿到了美國政府提供的獎學金，畢業後本來就有義務去海外的美國大使館工作。結果，這個 Takachar 團隊只剩下我孤伶伶一個人了。

賺錢擺一邊，捍衛夢想

我了解、也尊重大家的決定或義務，至今大家仍是朋友，偶爾相聚也常常回憶起我們在肯亞的經歷。但是在二〇一三年三月那時，我備感挫折，既傷心又沮喪。當初我在朱斯特教授的課堂上組隊時，我深深感受到大家的熱情，滿心期盼著至少會有一、兩個隊友願意長期和我分擔共享創業的艱辛和快樂。如今那麼辛苦組成的隊伍也煙消雲散了，猶如春夢一場。我找了原先幫我組隊的朱斯特教授，向他訴苦，希望能從他那裡得到開導，幫助我從困境中跳脫出來。

「我辛辛苦苦組成的團隊都沒了，公司還有什麼存在意義呢？」我難過地說。

「可是，你在肯亞的公司本來就不成熟啊。」他說，「你的碩士論文已經交了，我看你還是一直回來ＭＩＴ，遲遲不願離開，沒有去肯亞全職創業，這意謂著你在ＭＩＴ還有其他的可能性。你希望留下來，試圖用你的博士研究來強化未來公司的技術。如果你或你的團隊現在不顧一切地投身去肯亞創業，是一個十分愚蠢的決定。」我點點頭，他說得沒錯。

「你原先組的團隊其實也不成熟。」他繼續說，「你們四個人當中沒人會說史瓦希利文，沒人徹底了解當地的人文習俗，也沒人在肯亞長久居住過。把四個沒經驗的哈佛及ＭＩＴ學生空降到肯亞去全職創業，也是十分愚蠢的決定。」

「那我們一月去肯亞的旅程算什麼？」我反問他。

「那是一個市場調查、市場探索。每當你和團隊去肯亞一次，你學到的東西就愈多，你認識的人也就愈多，你也在為你的人生經驗加分。當你未來準備好真正創業的時候，你成功的可能性也愈高。」他回答，「你現在的困境是因為你只死板板地把眼前所有一切，片面地看成了創業及賺錢。」

「那我的 Takachar 在肯亞的前景是什麼？」我又問。

「我寧願你找到當地肯亞的人才，和他們合資，協助他們創業。假如真的成功了，難道你不能在畢業後協助他們拓展公司業務嗎？」

朱斯特的分析中肯有力，點出了我平時沒注意到的事，讓我受惠良多，心情大受鼓舞。我決定擴展自己的眼界，至少短期內不再狹隘地聚焦於這案子能否賺錢。Takachar 還不是一家公司，只是一個學生的興趣和熱情所在而已。即使我先花一筆錢去肯亞訓練當地人來自行製炭，也未嘗不是一個有用的進展以及教育當地人的機會？現在在距離奈洛比五小時車程的鄉下，還有一群農夫在使用我們研發的科技，難道我不能回去和他們一起把這些案子擴大化嗎？

「你現在的案子才剛開始。當你達到規模，成功訓練了一千位農民之後，我們再來想賺錢的方法。」ＭＩＴ的導師這樣說。

這個想法不僅拾回了我內心的興奮及熱情，也給了我暑假回肯亞的願景。

諷刺的是，這是一年前激起我巨大熱情的第一個想法，也是我目前最成功的一個。後來我因嫌它不夠新穎，執行上太過困難，才轉而研究都市的垃圾。在大城市裡嘗試了不同的方法後，就如蘿拉原先對我說的一樣，都不覺得會比原來在鄉間製炭來得容易。我由此獲得一個深刻的體悟，原來每一條路都布滿荊棘、艱辛無比，只有熱忱才能持續地走下去。

回首過往，這一切的困境至少有一半是我自己造成的。當初我會徵召商學院以及政府學院的學生來加入團隊，其實是我自認對於經營公司毫無概念，希望他們會告訴我該怎麼做。但每個人都帶著各自不同的意圖和興趣而來，如果我沒有做好掌控和領導，只會被他們各自感興趣的方向拖著走，而導致我們這個案子無法前進。我當時只想和諧地解決一切矛盾，使所有人達成共識，卻也讓自己失去了起初的熱忱。這些學生不是我，無法代替我追逐我自己的夢想。我必須成為自己夢想的捍衛者。

第十四章
九輸一贏的堅持

在我組隊準備赴肯亞的同時，我也和史洛康教授一起為我的博士研究尋找資金。在和他慢跑後一個星期，我再次和他碰面。

「我現在和一位生物系教授合作，他正與馬來西亞棕櫚油業的某個富豪討論贊助案，請MIT幫忙研發一個可以自動採收棕櫚樹果實的機器人。」史洛康教授說，「你去和生物系教授提提你的方案，看看那位富豪會不會願意也一併贊助你的研究計畫？我深信他對於當地鄉間農民用棕櫚葉或其他廢物再利用會感興趣。」

我對於馬來西亞的棕櫚業毫無研究，因此花了一星期時間盡量去熟悉棕櫚業。我發現最大廢物不是葉子，而是一種水油混雜的流質物。這種流質物量很大，無法直接傾倒在河裡，很多人為了要怎麼處理它而深感頭痛。我的製炭法對此並不適用，但我想如果棕櫚種植園的面積夠大，就可以設計一個人工溼地來處理這種流質廢棄物，還可以養魚。至於葉子、果殼等廢物，則可運用炭化方式來處理。這是一個結合農莊進行廢物管理的方法。

我把我的想法寫成三頁的提案，請生物系教授給馬來西亞的富豪過目。不到一星期，提案被駁回了。

「他認為你這個提案太單純化了。」生物系教授說，「實際情況比你想像的更複雜。」

我又試了幾個不同的想法，但全都被駁回。史洛康教授似乎也一籌莫展，這條棕櫚樹的路似乎是死路一條。

我對史洛康教授的信心頓時大減。眼看已經來到二〇一二年十一月了，而我先前的老闆給我做完碩士論文的資金和薪水即將在二〇一三年一月用完。「我還有兩個月的資金，」我寫信給史洛康教授，「到時候如果我們還找不到適當的資金機會，我可能就要另外尋找指導教授了。」

多方撒網找補助

同時，我也打算自行申請資金。ＭＩＴ和一些校外組織都有提供獎助學金來補助學生的學費與生活費，但很多都是針對年輕的博士生，像我這種後期的博士生，機會並不多。我看到考夫曼（Kauffman）基金會贊助有關創業的博士研究，便立即去申請，可是很快地又被駁回了。另外像赫茲（Hertz）及索羅斯（Soros）的獎學金，我也都沒有入圍。

我的朋友知道了我的困境後，說她有位朋友麥特（Matt）也曾為自己的博士研究申請過獎學金。她把我介紹給麥特，我請麥特喝咖啡，想聽聽他的經驗。

「獎學金的競爭十分激烈，要勝出很難，只有你自己在孤軍奮戰。」麥特說。我從他的話中得不到一點激勵或興奮感。「但是九輸之後，你只要贏一次，你就有錢了。因此盡可能撒網，向不同的獎學金提出申請書。」他也給了我一些獎學金的建議。

我照他的話投了幾個獎學金的申請。有個獎學金是專門資助有興趣到新興經濟體創業的學生，雖然錢不多，不夠我一整年的學費及生活費，但我覺得可以試試看，至少補貼一點我的生活費。我去請一位對我這方面的興趣有了解的教授來幫我寫推薦函。

「我很樂意推薦你，但是我有一個先決條件。」她說，「我有位學生亞美莉亞（Amelia）以前也拿過這個獎學金。你先去和她談談她的經驗。」

我和亞美莉亞約了時間。她在開口之前，先小心翼翼地把辦公室的門關上。我的心直往下沉。

接下來幾分鐘，她把這個獎學金的體制批評得體無完膚。「總之，我覺得被他人利用了。」她這樣說。

「聽你這樣說，我沒興趣申請了。」我回答。

「若你真的沒興趣申請，你今天還會來找我談我的經驗嗎？」她反問我。「說實話吧！我申請時也是一個窮光蛋研究生，努力在找自己的研究資金。當你急需資金時，是沒有很多選擇的。」

我望著她，默默無語。

她嘆了一口氣，繼續說：「如果你決定申請並接受這個獎學金的話，眼睛要擦亮一點。」

離開了她的辦公室，我反覆思考，也想起了先前麥特的「九輸一贏」論，最後還是決定提出申請。

積極申請獎學金

我提出的獎學金大多是從二〇一三年九月才開始生效。所以即使我申請得上，我在二〇一三年一月、也就是前老闆的碩士論文贊助結束時，這八個月的空窗期還是得變出自己的薪水。

這時我一個朋友在ＭＩＴ感知城市實驗室（Senseable City Lab）工作，這間實驗室專門研究數位科技如何影響人類城市的生活。兩年前，這個實驗室推出了一個與巴西城市拾荒者相關的研究方案，當時我正在計畫二〇一三年一月要和團隊去肯亞的蒙巴薩，所以對這項研究很感興趣，心想著是否也可以把它推廣到蒙巴薩，從事當地的垃圾管理？

因此我和該實驗室的雷提（Carlo Ratti）教授聯繫上了，說我有興趣在他的實驗室做研究。他邀我把我過去的研究做個簡報，講畢，他十分欣賞我過去的經驗，邀我更深入地和他面談我的興趣。

「我對垃圾管理有興趣，正在替自己找研究資金來深入發展垃圾製炭技術。」我告訴他。

「如果未來你找到了自己的資金，可以做任何你喜歡做的研究。」他回答，「不過現在我的實驗室並沒有垃圾管理方面的研究資金，倒是有一個方案暫時有職缺，不知道你有沒有興趣？」

我說，我很樂意考慮。

這是一個研究城市通勤行為的方案。MIT感知城市實驗室和不同的通訊公司合作，有不同國家行動電話用戶打電話的匿名紀錄，葡萄牙、象牙海岸、沙烏地阿拉伯、義大利等各有上億筆紀錄。從用戶每天打電話的時間及地點，可以估計整個國家不同城市的通勤狀況。而我的任務就是比較各國、各城市的通勤行為，看看有沒有什麼跨文化、跨國家發展程度的普遍行為。

我這時沒有什麼其他選擇，對這個研究方案也頗感興趣，所以就暫時接受了。至少，我不用煩惱二〇一三年一至八月間的生活開銷。

雖然過渡期間的生活費解決了，但我申請的獎學金都只包含學費及生活費，如果我的研究要建構機器的實體模型，那麼這上萬美元的經費要從哪裡來？

二〇一二年年底，史洛康教授提起了一個塔塔集團的方案，或許能解決這個問題。塔塔集團是印度最大的集團公司，聲譽卓著。董事長拉坦・塔塔（Ratan Naval Tata）捐了一大筆錢給MIT，為發展中國家（如印度）做些科技上的研發和商業化。這筆捐款在MIT成立了「塔塔中心」，每年都有研究經費可透過競爭性的申請過程分配給不同的實驗室。

史洛康要我去和塔塔中心的主任羅伯・史托納（Rob Stoner）談談，看我能不能把製炭過程寫成一個塔塔中心可以資助的研究計畫？

於是，我在二〇一三年一月底從肯亞回來之後，馬上約時間和他會面。研究計畫的申請將於二月中旬截止，時間很緊迫。

「你要知道，塔塔中心的研究計畫必須由MIT的教授來主導。博士生不能申請。」羅伯聽我說完我的製炭構想後如此說。

「亞歷山大．史洛康不能算是我的指導教授嗎？」我問他。

「他是專門設計機器的，但我不認為他對你的製炭構想能提供任何專門知識。你需要的是一個對製炭有專精的教授。」

「我不認識MIT有這方面專長的教授。」我對他說。

「我可以推薦機械工程系的艾哈邁德．古奈（Ahmed Ghoniem）教授。但是我無法保證他會對你的研究計畫有興趣，也無法保證他會同意和你一起申請塔塔中心的資助。」

之後，羅伯也對我說起他們在幾年前就已經研究炭化廢物的可能性，但他不覺得這有什麼值得研究之處。

「塔塔中心資助的計畫都必須擁有先進的核心技術。」羅伯接著說，「你的製炭法有什麼與眾不同的地方值得做博士研究嗎？」

我說我會和古奈教授談談，看他有沒有什麼好主意。但我心裡知道，剛才這場談話的結果，一定又會讓我大失所望。

趕搭末班車，申請獎助金

這時，我已經在創業及研究的不確定之間奮鬥了十個月，如今不僅在肯亞創業的前景不明、團隊解散，連博士的研究資金也沒譜，覺得身心俱疲。或許，是應該放棄這個夢想的時候了。

這時我已經開始在MIT感知城市實驗室工作，覺得整天寫程式碼來分析數據的生活也不差，可以一直做下去，不用為資金煩惱。反之，我為自己的製炭創業計畫努力了那麼久，既沒有具體成果，資金也付之闕如。何苦來哉？

雖然我有個夢，明知放棄它是對自己靈魂的背叛，但我發現此時的我一點都不覺得要放棄它會感到痛苦或悲傷，反而感到輕鬆無比。在被各種不確定性搞得精疲力竭後，我反而懷念起那種可預測的穩定環境。

儘管如此，我內心仍隱約有種難以言喻的失落感：我一直深信當初會對製炭產生巨大的熱忱和使命感，是命運注定。如果我打算現在就放棄，又不想將來後悔，那麼我無論如何都要和命運做最後一搏：我會寫信給古奈教授，並盡我所能和他充分討論製炭研究計畫的可行性。如果他願意指導我，同意和我一起提交塔塔中心的研究計畫，我會和他合作繼續發展我的製炭研究；如果他不願意指導我，或是認為我這個構想不具博士論文的潛能，那麼我便不再嘗試。客觀來說，若我無法去說服一個在能源轉換及生物質領域研究了近三十年的世界頂尖專家，我大概也不必再多花心思去發展我的炭化科技了。

古奈教授回信，叫我二月初去見他。他是個白髮蒼蒼、六十多歲的老教授，但是目光炯然。講話嚴肅，卻又顯得從容淡定，充分展現了典型的教授風範。

他先問了我的背景及創業興趣。然後問我是否認識麥特。

麥特？那不就是我幾個月前請喝咖啡、與我分享他申請研究資金經驗談的博士生嗎？

「我是他論文委員會的成員之一。」古奈教授接著說，「他剛畢業，拿到了綠色迴響（Echoing Green）基金會提供的獎學金，繼續為其研發的科技創業而努力。選擇創業這條路需要長期全心投入其中才行。」

「我的目的是想有一個繼續探索製炭方法的機會。」我回答，「如果經過幾年依舊不可行，我也無怨無悔，因為至少我有機會和世界頂尖專家徹底探索了這項可能性。」

我們花了約一個小時就炭化的科技和用途進行廣泛討論。終於，我鼓起勇氣提問：「我剛才說的製炭方法拿來做博士論文，您覺得有潛力嗎？」

「研究以及科技研發的結果本來就難以預測。」他回答，「但是，我寧願保持樂觀的態度。」

最後，他說他對我以此做博士論文有三點擔心的事情。「第一，我的實驗室現在人員很滿，今年九月已經招了四個新生。」

「我會邀請史洛康教授當我的指導教授，不必全依靠貴實驗室的全部資源。」我說。

「這先暫且不談。第二點是你的研究可能沒有博士論文的深度。」

「請問麥特是如何把他發展的科技寫成博士論文呢？」

「麥特做的是系統式的模擬及優化。」古奈教授答道，「例如他模擬的是不同零件在什麼情況下可以符合其性能的需求。」

「那我可以參照他的論文架構來寫研究計畫。」

「我的學生理查（Richard）對製炭的模擬很有研究，等一下我介紹給你，你可以和他談談你的想法。另外，第三個讓我擔心的是你的研究資金從哪兒來？」

「塔塔中心的羅伯．史托納叫我和您談，如果您有興趣，我們可以一起和亞力克斯．史洛康教授合寫一個研究計畫。」

「什麼時候截止？」

「大後天。」

「這太趕了，我沒時間。」

「我會起一個草稿，四十八小時內提交給您和史洛康教授過目。如果您接受的話就馬上提交。」

之後我也和理查談了一陣子，覺得的確有些是我的博士研究可以施力的地方。回到宿舍後，我快速讀了一遍麥特的博士論文，也仔細思考了我的研究計畫架構，但沒有馬上動筆。晚上，練完跆拳道後，和女友做了一番討論。

隔天一早起來，我開始動筆，一直寫到隔天的凌晨三點，然後送給史洛康和古奈兩位教授。他們給了一些小建議，那天傍晚就提交了。

資金到位，創業露曙光

後面便是長達一個月令人不安的等待期。三月，古奈教授通知我的研究計畫被塔塔中心錄取了。我也陸續收到一些獎學金的通知，最後有三個錄取函，資助我博士論文三年的學費及大部分的生活費（剩餘的小差額全被塔塔中心補足了）。因此，一個原本不穩定的新創公司翻轉了危殆的命運，將會有一個長期穩定的資金來源，可以展開後續多年的研發。如果研發取得專利，那麼專利權將歸屬於ＭＩＴ所有，但我的公司可以與其洽商取得獨家授權。我在半年前和史洛康教授跑步時所激起的創業兼博士研究的夢想，終於在二〇一三年五月簽了塔塔研究員合約的那一刻實現了。

我在努力籌措資金的這幾個月當中，常常想像自己在所有資金確定到位的那一刻，心情會有多麼激動。如今，回顧整個籌措資金挹注的過程，其實除了耐心等待及逐步因應、想辦法解決外，並沒有什麼令我激動或興奮的事情。反而，每當我回首與古奈教授第一次碰面的情景，總會激動難抑。因為我深刻體驗到，當一個人已經被接二連三的挫敗搞得精疲力竭時，能把他從放棄夢想的絕望邊緣挽救回來的，往往不是靠他自己的毅力或才能，而是在陌生人的一句「我相信」或「我寧願保持樂觀」的激勵下，重整旗鼓，繼續未竟的夢想。

校園放大鏡

血染MIT

雖然這本書談論MIT的教育並不局限於理論，而是盡量往現實生活的方向推進，但大部分的學生仍持有一種死板的觀點，把MIT看成一個大泡泡，將校內的人事物與外面的世界隔絕。

箇中原因，或許誠如我學長之前所說，MIT本身的活動太多了，忙到大家都沒時間走出校園用心探索校外的世界。我的經驗也是如此，儘管我每天都看得到河對岸的波士頓市，可是我大概每一、兩個月才會去一次。

波士頓馬拉松爆炸案

二〇一三年四月，就在我快要取得塔塔中心提供的研究資金時，河對岸發生一樁恐怖攻擊事件，恐攻的餘波深深撞擊著MIT所有人的心。

我記得四月十五日下午，我剛與兩位朋友吃完晚吃的午餐，正走在前往創業馬丁信託中心（Martin Trust Center）的路上，準備與隊友碰面。這時河對岸忽然傳來了「砰」的一聲轟然巨響，那是波士頓馬拉松恐怖攻擊的第一個炸彈爆炸聲響。

我那時候並不知道那是恐攻發出的巨響，心想是不是施工的工人不小心把很厚重的鐵板摔落在地上了？還是晴天打雷？

進了創業中心，我就沒有再聽到第二次炸彈爆炸聲。直到後來，一位哈佛隊友遲到十分鐘進來後，便開口說她聽說對岸發生了爆炸案，有人死傷。

打開電視新聞，恐攻的消息占據各大新聞台，迅速在全美蔓延開來！我的手機這時也收到MIT傳來的簡訊，告知我們有爆炸案。這時我的實驗室、生物工程系等也紛紛開始互相發群組電郵報平安。

這時，我的一位Takachar隊友得知他的友人當時就站在終點線附近觀看比賽，耳膜被爆炸聲震得非常不舒服，便匆匆離開，前去關心探望朋友的傷勢。

此時，訊息非常混雜，大家都不知道最新的情勢發展。我走回辦公室，一位同事發現推特有最新的消息更新，就自動把推特的訊息放在辦公室的大銀幕上播放。

另一位同事這時在救護車隊上執勤，好心地發了一個電郵給大家：「目前，市政府、哈佛及科普利廣場都有未排除的可疑爆裂物，哈佛附近有炸彈恐嚇。請大家盡量不要出門，倘若一定要出門，請結伴同行，盡量遠離垃圾桶。請假設所有的公共交通系統目前都是停駛狀態。」

看起來哪裡都不安全，到底要待在辦公室還是回家？我覺得進退兩難。

這時一位同事忽然起身關掉大銀幕。「已經五點多了，大家趕快回家吧！」他說，「現在的狀況混沌不明，隨便聽未證實的謠言只會造成集體恐慌。」

有位同事和我住在同一棟宿舍，我們提早下班一起走回去。回到宿舍，收到校長的來信，告知MIT沒有人受傷。大家都鬆了一口氣。

過了幾個小時，正值台灣早上的時間，我陸續接到父母和親友的關心電話。看來，這次的恐攻事件成了國際大新聞，引起全球矚目。

MIT校警中彈殉職

恐攻後隔天我收到簡訊，說MIT商學院附近有可疑爆炸物，請我們遠離那個地方。但過了十分鐘後便排除了。現在連搭地鐵都必須先排隊，會有州警來檢查背包。

儘管人心惶惶，MIT也表現了安撫人心的溫暖行動。發生爆炸的隔天，MIT博物館宣布免收門票，也舉行了一個臨時的社區活動。

那時，我有位室友正在研發一種用壓力鍋為發展中國家的醫療儀器滅菌的技術，他在光天化日之下，把一個很像馬拉松炸彈所用的壓力鍋從實驗室搬回宿舍，結果被警察盯上。他回宿舍時被人攔了下來。沒有多久，校警也被叫來，盤查我們的宿舍。校警把MIT的環境安全部門人員全叫到我們宿舍來查看。緊接著，舍監也趕來了。環境安全部門人員看了我室友在他房間架設的實驗後，雖然認為沒有危險，但還是請他不要在宿舍做實驗，要求他把所有儀器都搬回實驗室。

在這不安的局勢中，我離開了波士頓，去阿肯色州為Takachar做募款簡報。

到達阿肯色州的那晚，手機又收到了一個MIT的簡訊：「史塔特中心附近有槍戰。請不要出門。」

不久之後，又是一陣慌亂的電話、電郵報平安。我跟家人再三保證，那時我人不在波士頓。

這時，一位同事晚上還在槍擊發生處的樓上工作，嚇得她躲在辦公室裡，兩個多小時都不敢出來。她有些歇斯底里地說，樓下有位MIT的校警中彈身亡，但不知道是誰。

我隔天起來發現，新聞中的波士頓陷入風聲鶴唳中。原來，MIT的槍擊事件和先前的恐怖攻擊有關。雖然一位嫌犯被擊殺了，但另一位仍躲在波士頓附近，因此整個城市都被警察封鎖，停班停課。MIT的朋友都待在宿舍裡不能出來，像我這種在外出差的人，則有家歸不得。

幸好不到一天後，整個案情水落石出，第二名嫌犯也被逮捕了。我順利回到波士頓，雖然市貌看似一切正常，但大家的心情沉重無比，很多人都穿著黑衣以哀悼不幸亡故的人。

那位遭槍殺的MIT校警是柯利爾（Sean Collier），我雖然不認識他，但我有一位同事和他很熟，說他的年紀和我們差不多，喜歡和MIT戶外社團的學生去爬山。一位學生說，事發那天晚上，柯利爾原本打算下班後去我宿舍樓下的酒吧，和一些學生唱卡拉OK，但之後他就音訊全無，如今，再也看不到他了。

MIT救護車隊有很多人都認識柯利爾，時常在他下班時和他打電玩。事發當天，送柯利爾最後一程的就是MIT救護車。

恐攻陰影揮之不去

事發後的短時間內，很多人都穿著「波士頓堅強」或「柯利爾堅強」的衣服，窗口及辦公室也掛著類似的牌子，似乎大家都以堅強的外表來鼓勵自己和別人。隨著時間消逝，內心的創傷與失落進入到不同的階段。

對許多MIT的學生來說，他們身處的校園是個與世隔絕的大泡泡。我們可以透過泡泡透明的包膜來觀察外面所發生的一切，似乎只要待在泡泡裡，就能獲得充分保護而不受傷害。其實這只不過是一種幻覺，一戳即破，因為MIT沒有校門，也沒有任何神奇的保護膜，它與現實世界緊密相連。當炸彈爆炸的那一刻，我們的心都劇烈顫抖著，但大致完好無傷。當MIT校警遭到槍擊，那顆子彈似乎直接穿透了我們的心，所帶來的是一個有待填補的黑洞。

許多人試著和朋友討論此事，或是聚在一起用唱歌撫平傷痛，或是投稿校刊來抒發心情。有些人也求助於校醫做心理諮商。我則試圖把此事理性化，但是世界上有一些事永遠得不到令人滿意的答案，因為人並非完全理性。為什麼會發生這樣的悲劇？柯利爾與其他人為什麼會死？為什麼？

隔年，柯利爾殉職的地方蓋了一座紀念碑，灰色的花崗石拱頂在白天蒼涼地佇立著。晚上，地上的光亮則反映著槍擊那晚天上的星座。史塔特中心很久以前學生惡作劇放在屋頂的一輛舊警車，在一夜之間多了一串串紙鶴。數年後的今天，紙鶴依舊在，學生忙碌地穿梭其下，而它們在天窗透射的陽光下微微擺動。這些永久性的紀念建築和行動，象徵著一個大大的問號，代表著MIT過往的傷痕，也是MIT人在面臨浩劫的創傷後休戚與共的象徵。隨著歲月流逝，當時在MIT經歷此事的學生陸續畢業了，生活的繁雜在心中層層堆疊，但心中深處的黑洞猶如花崗岩紀念碑及警車上的紙鶴，至今依舊未被完全填補。每次想到此事或經過此處，我的心依舊黯然。

PART 3
創業及論文

第十五章

肯亞總裁拍板定案

雖然得到塔塔的資金是一大進展，但是在二〇一三年，我仍不時會在創業和博士研究之間拉扯著。我的塔塔研究員合約規定，我必須在印度進行市場調查，但我目前在肯亞和一群農民有小型合作，該怎麼辦？難道我要棄他們於不顧嗎？

「我拿一個粗俗的例子做比方吧！」ＭＩＴ的導師對我說，「你現在的情況就好比你同時讓兩位女子懷孕了，其中一個的胎兒已有幾個月大（那是肯亞），另一位的胎兒才幾週而已（那是印度）。」

「當你和塔塔中心簽約，你便已經承諾未來幾年會盡心盡力照顧印度的研發專案。這完全合理，因為目前印度方面已經承諾會給你雄厚的資金及資源。反之，肯亞什麼都還沒承諾。」他繼續剖析，「如果你在未來幾年還堅持搞外遇，私下在肯亞經營企業，你說印度方面還會願意再資助你嗎？若你全心投入在印度專案的研發上，每年只有幾個星期的時間去肯亞，肯亞方面還會認你為父親嗎？」

「我並不排除印度，我也認為用心探索印度的商機對我的未來大有助益。」我答道，「但是我已經在肯亞建立了許多人脈，也釐清了市場的巨大潛力，總覺得不能就此棄它而去。」

「那麼你該為你的肯亞方案找一個寄養父親了。」

我同意他的看法。我在未來幾年不可能長期待在肯亞，一個可行的解決方法便是找當地人合作。這是VMS的導師及朱斯特・邦森教授跟我說過很多次的事，我現在的創業重心不是要在肯亞當地親自領導公司，而是尋找及幫助當地人才與我共同創業。但有些時候還是要親身體驗，才能理解他們的建言而有所開竅。

於是，我開始透過在肯亞的人脈為Takachar徵才。我的想法是先聘雇一個在地的全職總裁，每個月付他一些薪水，日後我不在肯亞的期間，會定期和他溝通公司的營運情況。最終目的是能夠與肯亞鄉下在地的農民合作，建立一個可以獲利的製炭試點。我打算二〇一三年六月去肯亞停留六週，全力找到當地的合作夥伴。

突發奇想，遭導師群打槍

但是，我這個時候的最大問題是無法把任何一個想法專注完成。連我MIT的創業導師都說：「我給你的建言是兩個字：專心！專心！專心！」

舉例來說，在出發去肯亞的前三週，我忽然靈機一動：建立製炭試點是老古董的方法，為什麼我不舉辦一場比賽，鼓勵肯亞當地的創業者建立自己的製炭企業，通過幾個月的評審後，最具潛力的創業者可以獲得Takachar提供的一萬美元獎金？一方面可以藉此打開Takachar的知名度，二來也能創造更多當地的製炭企業。每個地區的挑戰與市場特性各異，透過這樣的競賽可以促使當地人想辦法解決問題。因此，Takachar何不轉型為一個製炭企業競賽的主辦單位？

我和同事聊了這個想法，他們都很興奮。我和肯亞的舊識聊起，他們也都很興奮。接著，我徵詢了MIT主辦全球挑戰競賽的人員愛麗森和奇利（Keely）。

愛麗森回信說：「我不認為這是個瘋狂主意，但你必須慎思自己願意投入多少時間及資源在這上面。舉辦比賽有很多細節，例如錢從哪裡來？如何制訂冠軍的評斷標準？聽起來好像很簡單，其實是很複雜的。還有許多關於管理人員的細節，你必須做好遠端操控。我主辦MIT全球挑戰競賽時，發現願意幫忙的義工很多，不過也有很多人在你最需要他們的時候令你失望。這不代表他們是壞人，而是每個人都忙得要命。假設你在肯亞主辦的比賽正在進行，卻有有一半的評審突然退出，而你人在MIT，該怎麼辦？」

奇利也回信說：「除了愛麗森所說的，我還有另外兩個疑問：第一，舉辦這個比賽是否適合當地文化？MIT本身就是個超級競爭的環境，因此很適合舉辦比賽。可是在其他場合，比賽的表現可能會完全令人失望。第二，你希望看到多少隊伍參賽？我過去看過很多比賽，主辦人花了很多心思，但比賽的主題太狹隘了，最後只有一、兩隊符合資格。你會如何規畫你的製炭挑戰賽？它會受到當地廣泛的矚目嗎？」

這些都是我在興奮之餘未曾想過的。我也和VMS的導師群提及這個製炭比賽的發想，他們完全不為所動。

「舉辦一場比賽就像同時養很多貓。」有位曾舉辦創業比賽也喜歡養貓的女導師如此說，「你喜歡養貓嗎？」

「我認為你離成功很近了。」另一位導師說，「為什麼現在要放棄你之前的所有努力而另起爐灶呢？」

在聽取了各方意見和仔細評估後，我承認這項製炭比賽發想確實讓我心動，但MIT不同導師的論點更有說服力：舉辦比賽看起來很有吸引力，那是因為我還沒有仔細深思其中令人厭煩的細節。

換言之，我覺得原來的 Takachar 計畫困難重重，是因為我對它的所有可能風險和缺失早已瞭如指掌。所以，我決心正面迎戰這些已知的挑戰，繼續執行原定的計畫，即雇用肯亞人一起和我創業，在鄉間與農民合作製炭。

製炭前景展露希望

二〇一三年六月，我獨自一人前往肯亞。以前，我都是和一群MIT的學生去，試圖在當地建立自己的研發項目或公司。但是身為全職的學生，我們只能趁每年一月和暑假的空檔回到肯亞打理業務，我們不在的期間，當地的進度就會停滯不前，成果頗令人失望。這次暑假，我的任務不是去建立自己的公司，而是設法把自己的願景傳達給別人，激勵他們相信自己也能採取行動。

我一抵達奈洛比，馬上和八位可能對於成立製炭公司有興趣的人士碰面，還安排了所有人隔日一早驅車前往魯姆魯提觀摩我在一年半前協助設立的製炭試點。我們一行人於中午抵達魯姆魯提，當地的森林協會派人來接我們，處長則開始講起炭化的作業流程。一開始很多人聽到農作廢物可以轉成炭，都是滿臉質疑的表情。於是，森林協會的人員親自為大家示範整個過程，將一堆玉米芯和玉米葉放入鐵桶內，然後點火開始炭化作業。

最後，當打開鐵桶看見裡面全是貨真價實的炭時，所有人不得不信服處長所言為真。「眼見為真（Seeing is believing.）。」一位第一次看到這項技術的成員如此說道。其他成員在親眼目睹了整個炭化過程後，似乎也看到製炭的前景和商機。

隔天早上回奈洛比的路上，大家都興奮地談論著。有兩個成員一回奈洛比，當天就買好了鐵桶，打算親自嘗試製炭。

獲得肯亞閣員大力支持

期間，我也透過一位同事認識奈洛比某報社的資深編輯，他對 Takachar 很感興趣。和他詳談之後，我發現他在肯亞人脈豐沛，也非常了解肯亞的待人處事文化，於是我邀請他擔任我們在肯亞的導師。他首先要我找到高層政治人物的支持。

我告訴他：「我沒時間搞政治，也沒興趣賄賂他人。」

「我不是叫你賄賂別人，那是違法的。我是要你的公司得到在地人的廣泛支持。」他說，「你要知道，即使你的公司完全合法，如果哪天你犯沖到某個人，他們可以透過政治管道祭出一條罕為人知的法律，叫你的公司關門大吉。所以你也必須有你自己可打的政治牌，以備不時之需。」

他說肯亞總統最近任命了一位新的內閣環境祕書長，而這位祕書長和MIT有關係。他會透過這位內閣官員的家族友人，居間穿線把我介紹給他。

一週後，這位內閣祕書長的辦公室主動和我聯繫，並且敲定了會面時間。我從來沒有見過那麼高層的政治人物，有點慌亂。

「我現在什麼都還沒開始，要和祕書長談什麼呢？」我問我的肯亞導師。

「你只需要介紹 Takachar 的前景，以及如何為肯亞鄉間帶來就業機會，也能幫助窮人和維護生態環境。這是不管誰執政都很容易獲得選民支持的計畫。」

「祕書長那麼忙，我可以請她幫什麼呢？」

「她才不會有時間幫你創立公司呢。你只需要認識她並得到她的祝福。如果哪天有人找你公司的碴，不管是鄉鎮還是縣市政府，只要政治位階是在肯亞總統之下的，你都可以向她求救。」

我終於開竅了。我發現以前去烏干達或迦納的鄉村，第一件事便是去拜訪當地的長老，得到他的歡迎及祝福，如此才能在他的村裡做事。現在我要做的不也是一樣嗎？只是如今我要做的規模，是幾年前的好幾倍。

於是在約定那天早上，我穿著西裝前往祕書長的辦公室和她聊了二十分鐘。談話中，她表達了對 Takachar 的支持。我的任務圓滿達成。

新血加入

一個週末，我坐了八個小時的車來到肯亞的蒙巴薩，和一位老朋友碰面。我也在想是否可以透過他在當地找個機構，於蒙巴薩市郊的鄉村雇人來實現我的製炭計畫？我花了整個週末和他計算營運成本，也造訪了蒙巴薩附近的一個村落。

但我那位朋友前陣子試圖振興當地村落經濟，透過他的組織在村落流通一種替代貨幣，結果遭控告偽造錢幣。他和同事因而遭到逮捕，目前保釋中，兩個星期後要上法庭，因此他們很忙，沒什麼時間招待我。

「我勸你離他遠一點。」奈洛比導師對我說。

「我了解。不過我相信他是清白的。」我回答。

「不管他是否清白，他在當地的行為必定惹火了一些人，才會有人想告他。」導師繼續說，「如果你和他合作，不會有好下場。」

雖然當初和我一起去魯姆魯提參觀製炭作業的有八個人，但是後來大都採取觀望的態度。有心和我一起投入製炭公司的只有兩人。我和我的導師找了時間一起去和他們面談，主要想聽聽他們對於建立公司的想法。

最後我們錄取了薩姆爾（Samuel），他是學農業企業管理的。他沒有適合設立公司的地方，因此我把他介紹給在姆韋（Mwea）的同事。姆韋位在奈洛比東北方兩個小時車程遠的地方，盛產稻米，有成堆無用的米糠常常被火燒掉。我想利用我在肯亞剩餘的時間，請薩姆爾為這個可能的製炭計畫鋪路，我也可以藉此審核他的工作效率。

過了兩個星期，薩姆爾報告說他開始在姆韋和當地農民合作，用一種新方法來炭化米糠。看來他的案子都有潛力，因此我小心翼翼地和他談了薪水等事宜，並要求他每兩週就把所有收據都拍照下來寄給我存證，我依據報銷再匯錢給他們。偶爾他也必須寄相片給我，我的肯亞導師或其他朋友都可以隨時到姆韋抽查當地的進展。制訂好這些監督程序後，薩姆爾正式開始幫 Takachar 做事。

不二法門：信任

七月底，我必須從肯亞返回波士頓。登機時，我和其他乘客走出登機坪。奈洛比的晚風徐徐吹來，涼爽宜人，十分舒服。惱人的是，我的腦海裡被各種不同的疑問盤據著：我雇用這個人的決定是正確的嗎？我要透過什麼管道確認他所報告的進展？他如果盜用我的錢，該怎麼辦呢？

我有一位MIT的日本同學，之前在肯亞的鄰國坦尚尼亞設立了一家農民租用拖拉機的公司，結果因為太相信當地的合作夥伴，而被盜用了近十萬美元。我要把我在肯亞的事業託付給一位只認識三週的人，似乎是個瘋狂的決定。

但是，有個聲音在腦海響起：除此之外，我沒有更好的選擇。

我當時面臨的情況是，我在MIT已開始為印度做製炭研究，所以無法花很多時間來肯亞創業。即使我或其他MIT的隊友都來了，我們對肯亞的風俗人情並不熟悉。過去的一年已經嘗試了幾次，幾乎是敗興而歸。因此，如果我想繼續在肯亞實現創業的願景，目前只能靠當地的人幫忙了。

我在肯亞停留的時間只有短短六個星期而已，當然不可能為薩姆爾或其他人的人格和能力做完備的審核。我能做的，都已經盡力做了，剩下的就只能靠信任了。如果我要在短期內讓 Takachar 在肯亞有所進展，信任是唯一的法門。

如果這次成功了，屆時我不僅要幫薩姆爾投資設立一家製炭公司，也可汲取其中的知識和共享利潤。萬一失敗了，我損失的頂多是當初從不同創新創業比賽中贏得的獎金。

因此，我把自己珍貴的 Takachar 嬰兒，託給了只認識幾個星期的肯亞人。

第十六章

砍掉，重練基本科學定律

從肯亞回到波士頓後，我只短暫休息一個星期，便飛去加拿大溫哥華和女友相聚了兩天，緊接著，又搭上長途飛機，從蘇黎世轉機到我生平第一次造訪的南亞國度：印度。

塔塔集團當天還派人來接機。想起先前我去肯亞，下飛機後，自己還得和路上隨便搭攔的計程車討價還價，眼前情景截然不同。

塔塔集團幫我安排好住宿，下榻旅館屬於三、四星級的商務旅館，品質比我之前在肯亞住宿的客房高檔些。有一天和同事們在旅館餐廳吃晚餐，空蕩蕩的餐廳裡有七、八位服務生圍繞著我們七、八個來自ＭＩＴ的房客。他們的服務過度體貼到了令我有點不舒服；這次來印度是要和貧民、垃圾堆等接觸的，而下榻的旅館更加凸顯了貧富的鮮明對比！

我和幾個ＭＩＴ新進碩博士生同屬於「垃圾創新組」，顧名思義，我們的研究自然和垃圾有關，這次在印度的行程也聚焦於觀察印度垃圾管理及分類。我們從德里開始，開車去旁遮普邦參觀一個用來處理牛糞的龐大厭氧消化器。之後，來到德里北方兩小時車程的工業重鎮參訪不同農業、造紙業及磚塊業，了解他們對不同廢棄物及其現有的回收再利用處理作業（例如當地甘蔗廢物到了造紙廠便成了紙漿）。接著飛到浦那市參觀都市垃圾管理，再開車到孟買去和當地的印度理工學院談合作機會，也參加了塔塔中心的會議。

鏟子就緒

我很快就發現，塔塔中心重視的是每個學生的論文研究都必須力求務實。因此論文中除了純理論性的研究，塔塔中心也要求學生思考自己的研究，如何能在印度或其他發展中國家的社會文化、政府政策及經濟環境下實現成果。塔塔中心主任羅伯．史托納到ＭＩＴ之前曾有成功的創業經驗，也與柯林頓基金會在非洲及印度做了很多案子。史托納教授上課時告訴我們一種叫做「鏟子就緒」（shovel-ready）的思維，即成功的論文不僅是學術上的貢獻，也是有人願意在學生畢業後拿起鏟子繼續努力，不論是透過學生本身的新創公司、業界合作或政府的新政策，將這項研究結果（例如產品或政策）推廣並造福社會大眾。因此在塔塔中心的必修課裡，要求學生詳細思考其研究產品的對象、其他利益相關者及其商業運作方式，鼓勵學生將研究投入ＭＩＴ校內及校外的創業競賽，以測試其可能性。

舉例來說，我同事研究一種滴灌方式，希望能提升小農的灌溉方式。她到印度面談當地農民之後，發現她的滴灌法太昂貴，回到ＭＩＴ之後，她轉移研究方向，在一堂課上和其他同事研發了一個更高效能的小型幫浦。在她寫論文的兩年期間，她又到印度五次，和當地的非營利組織和小農合作來測試她的幫浦，並聽取農民建議予以改良。畢業後，她和塔塔中心另一名學生成立了一家叫做 Khethworks 的公司，現在在印度量產可以和太陽能板兼容的幫浦。他們的顧客是近五千萬的小農，這些農民平常因為水量有限，每年只能在雨季時耕種。而 Khethworks 的幫浦可使農民四季都能耕種，因而大大增加他們的收入及糧食安全。二〇一五年，這家公司還得到印度總理的親自認可。

由於大部分的學生來塔塔中心之前都沒有創業經驗，因此這種教育讓他們大開眼界。事實上，很多學生剛到ＭＩＴ並沒有很多創業經驗或興趣，只想以後在學術界或企業裡做事，然而塔塔中心讓他們開始思考創業的可能性。

我的情況則不太一樣。我因肯亞的活動而有了創業的興趣及經驗，此時我最大的挑戰，在於如何透過ＭＩＴ的博士論文，將本身的短期創業興趣轉化為一種較長期的技術性研發。我首先必須學的，是寫一篇能受到肯定的博士論文。

籌組論文委員會，尋求建議

回到ＭＩＴ已是二〇一三年九月初，我正式開始在古奈教授的實驗室做事。在此之前，我把在印度的見聞整理過後，先去請教他的意見，希望他能對我的論文方向提供一些指點。

「由於這是你的新研究，我會要求你做一份論文提案。」古奈教授說，「你必須思考這個反應爐該怎麼設計才能比現在便宜，並且受到鄉間農民廣泛利用，不會造成太大的維修負擔。這些細節都是你必須主導的。」

我聽了有些惶恐，感覺壓力好大。我以為古奈教授會給我詳細的研究指導，看來全部都得自己來。我從來沒有設計反應爐的經驗，根本不知道從何開始。「作為博士生，你必須要有獨立思考及研究的能力。」古奈教授說。

因此，我先組成了論文委員會（包括古奈及史洛康教授，以及我在生物工程系的馬納里斯〔Manalis〕教授、塔塔中心的史托納教授），接著我跟大家確定了九月底是我的論文委員會第一次聚會，所以我有三週時間來寫論文提案。

確定了截止日後，接下來便開始和古奈教授實驗室的同事討論如何開始我的研究。很多同事都是做模擬的，他們對於我要研究的製炭法並不熟悉，除了給我模擬工具上的指點及論文結構的建議，無法給我太多的指導方向。

不夠創新，論文被澆冷水

我也和不同的大學和炭化公司聯繫，想聽聽他們的觀點。但現有的炭化技術那麼多，我還真不知從何著手！

「炭化科技研究已有幾十年的歷史，能研究的都研究過了。」一位猶他大學教授對我說，「因此，我覺得你能在科技上做的創新已經很有限。」

聽了他的話，我頗為沮喪，但也不得不同意他說的。歐洲和美洲都有十幾家炭化技術公司，用的都是非常大型的高效率頂尖技術。就科技發展來說，這幾家公司的背景經驗似乎都比我高超許多，我憑什麼認為自己的想法比他們好？

非洲和印度也有一些小型的低效率炭化技術，而且已傳承了幾百年。有很多類似我以前在肯亞所見，就是很簡單地在地上挖個坑，把生物質點火燃燒，再用土壤覆蓋成一個土丘來炭化。除非我的技術比這些土丘製炭法更便宜，否則我憑什麼認為我的想法對當地人來說，會比祖傳的技術更具吸引力？

我想不出我能在科技上有什麼施力點，因此打算提案針對系統以及製炭經濟進行模擬，然後選擇現有的製炭科技來建造炭爐。

在論文提案截止日前一週，我把提案草稿交給古奈教授。

「可是我很擔心你的科技創新度不夠。」他說，「這是博士論文，你必須做出別人沒做過的創新。你回去再好好想一想。」

我有種自欺欺人的感覺，相較於現有的炭化專家，我像是一個冒牌貨，既沒知識又沒經驗就想創新炭化技術。那天晚上，我和女友談及此時的困境。

「如果照你說的，炭化技術已經普及化了，為什麼你在肯亞或印度鄉下並未看到人們普遍在製炭，而還要你透過 Takachar 努力推廣？」她說，「我還是覺得你得多了解現有技術的缺失，這是你做博士論文所不能迴避的問題。」

我又回到文獻裡。有天下午我看到一篇文章，講的是把一個生物質氣化爐連結到不同的炭化科技上，發現炭化的效率可以提高。我從未思考過這種做法。我可以把這個氣化爐連結到較簡單的土丘上嗎？可行嗎？氣化爐要多大？於是我也把這個想法放到論文提案上，希望可以滿足古奈教授所說的「創新」。

論文報告慘遭滑鐵盧

論文提案通常一個小時，我為此仔細地準備了四十張幻燈片，練習講了四十五分鐘。古奈與羅伯．史托納兩位教授在場，史洛康教授則透過視訊方式，他一開始就打亂了我的牌局，說他只有半小時，叫我跳到重要的地方開始講。

我深呼吸一口氣，然後從我的設計目標開始說起。「我的目標是要使製炭的效率達到最大化。」

「什麼叫做效率？」史托納問我。

「效率就是有多少的生物質進去，最後會有多少的炭出來。」我答道。

「那叫做『收率』（yield），不是效率。」古奈教授馬上指正我。「你得把最基本的用詞搞清楚。」

我接著講我的計畫是試著把氣化爐連結到土丘上，看能不能增加炭化的收率。

「為什麼要用氣化爐？為什麼要用土丘，而不是別的設計？」古奈教授接著問，「你有科學性地排除其他設計嗎？」

我沒有。

「讓我提醒你，我們今天在開的是博士論文委員會，不是一家公司的董事會。」古奈教授接著說，「今天我坐在這裡，看到你對於炭化基礎物理和化學的了解都沒信心，我憑什麼對你所說的設計有信心？同時，我覺得你這個氣化爐及土丘的提案一點新意都沒有，別人都已經做過並刊出了。」他說，我的心則直往下沉。「博士論文的宗旨是要增加知識。所有的創新，都是源自於對科技最基本的認知。」

「我同意。」史洛康教授說，「我看過世界各地很多不同的新創公司，有很多都是在沒有科學支撐下因過度承諾而導致失敗。詳細研究物理和化學對你來說可能很枯燥，沒有創業的興奮感，但你身在ＭＩＴ，我們有責任逼你要對基本科學有充分的理解。」

「而且你現在的研究累積，日後都會成為你的公司面對市場不公平競爭下的優勢。」史托納教授說，「我知道你過去喜歡直接去不同鄉村測試小型的製炭科技，可是你有沒有想過，為什麼這些科技都是區域性的，無法大規模化呢？如果你想要成功，或許應該跳出這個框架。」

我所有的防禦一下子就被論文委員會批得體無完膚，我覺得自己根本就是在浪費三位教授的時間。

「謝謝你們的建議及批評。」我說，「我會更加謙虛受教，你們放心，我會積極去面對挑戰。」在我的提案完全瓦解時刻，在沒有任何科學基礎能支持我時，為了不讓自己丟臉，這是唯一我能對教授們說的話。我只想趕快結束這個讓我無地自容的論文委員會，挖一個洞躲起來。

重練基本理化原理

我發現我在過去幾個星期，為了了解各種五花八門的炭化技術，反而因此被癱瘓了。而我一直遲遲不對製炭技術進行深入理解，是因為這看起來是一項極端艱鉅的任務。可是就如女友說的，這是我無法逃避的事情，遲早都得面對。我發現，首先我得對博士研究及其標準有更深入的了解。

我更詳細地研讀了一些最近實驗室同事寫的博士論文，並和他們碰面討論一番。過了不久，我又和古奈教授碰面。

「什麼是博士學位？」這是我鼓起勇氣問他的第一個問題。

「博士學位是學術界認同一個人有自己的獨創想法，可以自信地面對他人的挑戰，並依照這個想法對世界做出一番獨特的貢獻。」古奈教授回答。

「您說的是在刊物上發表文章嗎？」我問。

「那是其中一部分，通常是在有聲譽的刊物上發表三篇。」教授回答，「但也有可能是具影響力的專利發明。」

我對他陳述了我未來幾個月的計畫。「請問您覺得這是朝博士論文的正確步驟嗎？」

「我覺得這是一個正確的方向。」他回答。可是我心裡有數，這條路仍然十分漫長。

「我們下一次什麼時候再碰面討論呢？」我問。

「等到你有一些初步結果時。」他說。

古奈教授推薦了一些文獻給我，我則開始研究別人如何利用物理及化學原理來模擬炭化的過程。我已經有八年沒有接觸這類方程式了，但就像騎腳踏車，這些能力多年不用之後，雖然變得生疏，卻不會被輕易遺忘。這些文獻又引用更早的文獻，我因此得以把現今的炭化知識一路追溯到源頭，也慢慢了解其中的邏輯。

於是，我的論文研究方向慢慢成形了，從最基本的物理及化學原理開始，思考這些過程在生物質顆粒上會如何進行，然後這些單一的生物質顆粒的行為必須被整合到一個反應爐的設計中。這也可以導出反應爐最終的行為，用以計算所需資金及營運成本，並進行優化。換言之，我的論文是多尺度的製炭模擬，從最小的分子到最大的反應爐，並考慮由一個小尺度升級到另一個大尺度時，能否運用一些簡化的計算式來做估計。

看了一、兩個月的文獻之後，我也開始牛刀小試做自己的模擬。很多程式碼同事都有了，我也為炭化寫了一些程式。

一開始，我問的第一個問題是：如何把椰子殼烘乾？我選擇「烘乾」，是因為這是生物廢料炭化前必經的步驟。若我能了解烘乾的原理，就有信心挑戰炭化的模擬。

「為什麼要研究烘乾？」女友不可置信地問我，「把椰子殼丟到烤箱裡就烤乾了，為什麼還需要你的模擬程式？」

沒錯，表面上看來，「烘乾」是一個很尋常、不值得作為博士研究的過程，但我慢慢地發現，世界上真正了解烘乾過程的人不多。試想椰子殼因為有厚度，因此內外的烘乾程度並不均勻，我必須有個導熱公式去描述這個不均勻的分布。例如，如果溫度太低或時間太短，雖然外面已經乾了，但裡面仍是溼的；如果溫度太高或時間太長，那就是在浪費能源。而不同的有機廢物，如玉米梗、米糠等，形狀都不同，因此烘乾的方式也不同。有時候，我在文獻裡找不到我想要模擬的常數，還得自己做假設。

在徹底了解烘乾過程之後，我小心翼翼地加入炭化的化學公式。因此，我的模擬又更加複雜了，進而得以開始了解不同的生物質廢物的炭化行為。

在ＭＩＴ的導引下，我的論文研究從最純粹的工程定義開始，應用基本科學的知識來解決問題。我踏出了第一步，而未來還有很長一段路要走。

第十七章
放手轉型

我在二〇一三年七月離開肯亞之後，就把肯亞的製炭公司交給薩姆爾。我每個月憑收據匯錢給他，支付他的薪水及公司的營運費用。

同時，薩姆爾在姆韋進行的米糠炭化雖然很順利，可是九月初的某一天他打電話給我，說測試出問題了。

「我們把炭化過的米糠炭塊放進爐灶裡燒的時候，發現炭塊的外層馬上被厚厚的灰燼覆蓋了。」薩姆爾說，「熱度不足，連水都無法煮沸。」

「你用了哪種黏合劑？」我問他。

「木薯粉。」他說。

「試過其他的黏合劑嗎？」

「沒有。」

「換一種看看會不會好一些。」我說。

接下來幾個星期，我們用不同的黏合劑來製炭，包括紙漿、阿拉伯膠，甚至牛油果和芒果。我們做了不同的劑量、不同的壓力等系統式測試，結果都一樣：炭灰太多了。

令我十分納悶的是，我們二〇一二年一月在魯姆魯提測試的炭塊非常順利，煮飯也沒問題，為什麼在姆韋就不能複製？

我請魯姆魯提的人送來一些樣本，我們想了半天也想不出個所以然來。

有天早上我起來時，忽然頓悟：問題不是黏合劑，而是米糠。米糠本身含灰量非常高，所以儘管我們試了不同的方法，都無法克服這個問題。

我們可以用米糠以外的低灰廢料來炭化（如魯姆魯提的玉米廢料等），但我們已經購買並炭化了一大堆的米糠，該怎麼辦呢？

轉型I：環保炭蚊香

薩姆爾不知從哪裡變出一個客戶出來，想要買下我們五噸的米糠炭粉。他告訴我：「顧客是肯亞一個很大的蚊香製造及批發商。」

「他們要買我們的炭粉做什麼啊？」我問。

「在肯亞，很多家庭的夜裡都會點蚊香來驅蚊。」薩姆爾解釋，「而目前肯亞大部分的蚊香都是用鋸木屑末混合殺蟲劑製成的。但現在鋸木屑末太貴了，他們覺得我們的炭粉比較便宜。」

然而，五噸對我們來說是一筆很大的訂單，我們只有三位員工，花了一個多星期也才製作出一噸多的炭。離訂單的交貨日只剩一週了。

「工廠員工已經連續加班好幾天。」薩姆爾說，「再這樣下去，恐怕他們都要鬧革命了。」

「無論如何，這筆訂單不能跳票。」我說，「我們可以多雇幾位臨時工來幫忙嗎？」

於是，我們又在姆韋雇了五位臨時工。在日夜趕工下，最後在二〇一三年十二月二十日順利出貨，公司終於有了成立以來的第一位顧客，而他購買我們產品的意圖完全出乎我們的意料！

之後，薩姆爾和我便往這個新的產品用途來開發。

我也自行做了一些研究，結果發現製造蚊香的鋸木屑末不僅昂貴，如果燃燒不完全，還會產生大量的煙。有份研究指出，一個家庭燃燒一個蚊香所釋放出來的煙，相當於一百三十八支香菸的量！

我還發現，如果把鋸木屑末換成炭粉，不僅可降低蚊香的成本，還能使蚊香燃燒所釋放出來的煙降低約九成。這是一種低毒性蚊香。

由於其創新性，我也以新的案例來申請MIT全球創意挑戰競賽，並在二〇一四年春季獲得銀牌獎，拿到七千五百美元的獎金繼續發展這項產品。

二〇一四年春天是該產品的黃金期，我們每個月都會接到這家蚊香公司的大筆訂單，那時我們的全職員工很少，光是應付這個客戶的訂單就得忙了將近一個月。有時候實在忙不過來，就會聘請臨時工幫忙。當地的村落本來就沒有很多就業機會，因此年輕人很樂意偶爾來做些活。

我們也花錢蓋了一個新的儲物棚，添購了一台攪碎機。我們的製炭速度因此加快許多，不像以前那麼辛苦了。

可是好景不常，雖然每個月都有收入，但我每個月還是得匯錢去，才能避免公司破產。我們後來做了詳細計算，發現製造炭粉的成本其實比賣給蚊香公司的價格還高，所以我們一直在做虧本生意。

「如果我們能夠稍微降低製造炭粉的成本，或稍微提高賣給蚊香公司的價格，我們或許可以成功。」我這樣對薩姆爾說。

但薩姆爾不是那麼樂觀。「肯亞的蚊香幾乎被這家公司壟斷。」他說，「除非我們改頭換面，成為該公司的競爭對象，否則我們在價格上根本沒有談判空間。」

薩姆爾和我決定為此問題各自思考一週。

轉型II：開發生物炭肥料

我在這一週內想了一些可以降低製造炭粉成本的方法，我把這些想法說給薩姆爾聽。

「我去參觀了肯亞的農業研究組織。」薩姆爾說，「發現我們的炭粉還有另一種用途，可以拿來當做生物炭肥料。」

原因是炭粉本身是多孔性質（生物炭），因此研究發現，在某些情況下可以保留養分及水分在土壤裡更長的時間。另外，當地的土壤呈酸性，並不適合稻米和其他一些農作物的生長。而炭粉本身是鹼性的，可以中和土壤的酸，或許能夠增加稻米的成長和收成。

「你怎麼會想到生物炭？」我問他。

「我以前是學農業管理的。」薩姆爾說，「我小時候幫祖母耕地時，有時會看到她淚流滿面地說農田土壤被酸化了，收成年年減少。我永遠忘不了她當時的表情。」

薩姆爾也告訴我，他已經開始和幾位當地的稻農測試這種肥料。

「那我們的蚊香生意怎麼辦呢？」我問他。

「如果這家蚊香公司繼續下訂單，我們可以繼續出貨給他們。」他說，「可是我覺得若朝生物炭的方向去發展會更有前途。」

我原本對這個走向抱持十分懷疑的態度，因為我們的蚊香已經有些機會了，為什麼要放棄呢？

雖然我以前也聽說過用生物炭做肥料，但我認為別人都試過了，本身也沒有什麼與眾不同的特色。譬如，我以前有個朋友就在肯亞開了一家生物炭肥料公司，後來因為種種因素沒有成功，結果在二〇一三年關門大吉。

我試圖勸阻薩姆爾，但是他聽不進去，堅持要往生物炭肥料的方向發展，搞得我有段時間非常頭痛。

但是有一天，我忽然看開了，薩姆爾才是主導此創業的主人翁，而不是我。他花了二十幾年的時間來思考、了解當地農民的需求，而我對此一無所知。以前VMS的導師就跟我說過，創業的形式有很多種，不是每個人都適合當衝鋒的英雄。此時此刻，衝鋒的英雄是薩姆爾，我只是扮演輔助者的角色。

放手交棒，共同創業有成

我先前所做的一切，不過是準備慢慢地轉移這個創業故事的主角。一開始，薩姆爾和我是雇主－員工的關係。然後，我們漸漸地變成了生意夥伴，他不再是我的員工，我們兩個變成平等的關係。

我觀察發現，MIT很多在學的學生組隊出國去創業（包括以前我自己參與的隊伍），所犯的錯誤都是一直堅持自己才是故事的主角。如果主角因為課業或研究繁忙，而有百分之九十五的時間都不在故事內，那麼這個故事不但不精彩，反而會拖累了整個創業的進程。因此，史洛康教授以前和我說可以同時做博士論文兼創業，其實是一種誤導的觀點。當我在博士論文上多花一些時間，我在創業這部分就得有一些退讓，才不至於像以前一樣讓自己心力交瘁。

我必須承認，放棄原有的控制權並不容易，我一開始也不是那麼心甘情願。薩姆爾那方也有一些阻力，因為他誤以為我退出就表示我不會再像以前那樣關心公司了。為此，我們光是談未來公司的願景，就花了將近兩個月的時間。後來討論公司股份分配，也花了三個月的時間。

所有這些討論都是建立在信任的基礎上，同時我們之間的互信程度也隨之提升。終於，二〇一五年二月，我們在肯亞正式成立公司。這家肥料公司命名為Safi Organics，未來會繼續在肯亞扎根、發展。由於目前在肯亞，這種既可獲利又有助於減少環境汙染的社會企業並不多見，讓我們受到廣泛的矚目，幾乎每一、兩個月就會有媒體來採訪，之後也得到法國道達爾石油公司（Total）舉辦的創業大賽頭獎。

除了這些媒體報導和獎項，最令我欣慰的是我們實質改善了農民的生活。舉例來說，有位稻農以前因為過度依賴一、兩種人工肥料，導致他的土壤酸化。當他開始使用我們的肥料之後，他的收成已經增加了約三成之多，這也增加了他的收入。去年，他不僅有了足夠的收入可以支持他三個小孩上學，也為他的農場購買了一台新的拖拉機。現在，他常常帶著附近農民參觀他的農場，以及我們的產品如何幫助他實現這一切。兩年後，我們今天已經有了一千多個這類農民客戶了。

另外，我們也為鄉間創造了新的就業機會。以前，很多肯亞鄉間的年輕人都必須離鄉背井，移居到奈洛比的貧民窟去找大都市的工作。當我們在村落成立了肥料加工廠後，這些年輕人在當地就能謀職。我們有名員工本來沒有工作，但進入我們公司後兩年，勤奮的表現讓他獲得升遷，晉升管理階級的職位。現在他想就讀商學院，讓自己的職涯更上一層樓。

這家公司經過幾年的努力，從一個ＭＩＴ學生小小的試驗項目，發展成一個由一隊當地的肯亞人全職經營的公司，在現實世界扎根。這家公司未來仍會面對很多挑戰和波折，但本書旨在討論ＭＩＴ教育的環境，不是關於這家肯亞新興公司的旅程。因此這個故事就到此打住，不過我與這家公司間的故事還是會繼續。至今，我每年仍會抽空一次去肯亞了解公司的現況，除此之外，每兩週會與總裁薩姆爾通話，共同討論及規畫公司的下一步。

那我原來的燃料公司 Takachar 呢？

我當初協助創立的公司轉型為肥料公司，是因為我們用的米糠並不適合做燃料。因此計畫中的公司成了現在的 Safi Organics。後來透過朋友認識了另一家肯亞的新興公司，他們想把鄉間的甘蔗廢料轉換成一種無煙燃料，賣給家庭和企業。他們也邀請我加入公司的諮詢委員會。

這個計畫聽起來和我當初的 Takachar 非常相似。我要接受邀請去幫忙他們嗎？還是另外在肯亞雇人以 Takachar 的名義和他們競爭？

有了和薩姆爾合作的經驗後，我很清楚，要是以銷售燃料等生活用品給當地人的話，我個人的技能是無法和他們競爭的，因為就像朱斯特教授說的，我不會說史瓦希利語，不懂得怎麼在肯亞銷售，在當地認識的人當然也沒有他們那麼多。

所以，我接受了他們的邀請。二〇一五年我再度造訪肯亞時，專程去拜訪他們，參觀他們的工廠。這趟參訪使我對於製炭的認識受益良多，我也有機會把一些新的製炭想法帶到他們的工廠進行測試。現在，我幾乎每個月都還是會和公司總裁保持聯絡，討論技術上的挑戰，他們在市場上的學習經驗，我也會隨時加以吸收。

二〇一五年，我在印度開始和一家類似的新興木炭燃料公司合作。

我由此觀察到 Takachar 本來的夢想，隨著我幫助這些公司創業時，慢慢地在世界各地實現了。當然，這要歸功於當地人的努力，我只是提供適當的輔助和建議。

現在看來，當初我想輟學隻身去肯亞創業的想法，是多麼天真浪漫啊！最終，如同我在MIT的創業導師所言，創業的路徑是多元化的，雖然有時一開始看不清楚前方道路，必須參考前輩的腳蹤，但是只要肯努力，願意在失敗中學習，我也會慢慢找到適合自己的創業方式。

重新定位 Takachar

那麼，我要問的最後一個問題是：未來我會用什麼方式來創業？Takachar 現在到底是什麼樣的公司呢？世界還需要 Takachar 嗎？

當我協助這些公司發展的同時，我有時也會有這樣的疑慮，認為它們已經完全取代了 Takachar。

可是，我後來漸漸明白，Takachar 對我來說不僅僅是一家公司的名稱，而是一個使命的實體化。它代表我人生的旅程和夢想。當一個使命不再被世界需要時，我可以讓它轉型，成為另一個值得努力的使命。

我在和這些不同的製炭公司合作期間，發現他們的製炭技術有許多不足之處。很多時候，這些缺陷造成了公司擴展緩慢，或無法使用某種廢料。

雖然我不擅長在肯亞或印度做銷售，但我在MIT擅長的是改良技術的缺陷，這也成了我博士研究的一部分。我腦子想的是新一代的製炭反應爐，可以大大幫助現有的製炭公司，也可以幫助其他鄉民制訂他們自己的製炭流程。

我的博士論文所研究的科技是我待在MIT的最後一個使命，因此Takachar已和我的博士研究合而為一，沒有任何矛盾或衝突。未來，當我的反應爐研發成功時，我也可以組隊成立自己的Takachar公司，進行商業化的製造和銷售。

校園放大鏡

百年大雪

二〇一五年年初，波士頓下了破百年紀錄的大雪，總積雪量達到了兩百七十六公分高。

大雪是從一月二十六日開始下的。我很幸運在暴風雪的前一天就從印度趕回波士頓，有些在印度的同事趕不及回來，大雪使得波士頓機場的航班被迫取消了好幾天，結果就被卡在印度或阿姆斯特丹而回不來。

ＭＩＴ在二十六日傍晚便開始停班、停課。不久，公車也停駛。緊接著，政府宣布禁止車輛在路上行駛。

大雪整整下了一天半，路上除了偶爾來回的鏟雪車之外，格外的寧靜。大家都窩在宿舍裡，無法外食，只能在宿舍裡煮東西填飽肚子，常常一不小心就把食物燒焦，火災警報頻頻響起，搞得大家三不五時就要撤離到外面的暴風雪中。

當第二個火警響起，我實在受不了了，便披上大衣，冒著風雪撤離到沒人的辦公室去工作。

大雪停了之後，街道完全變了模樣。很多學生聚集到ＭＩＴ開始打雪仗。沒有多久，連校長也現身了。有些學生甚至不忘搬出他們造好的機器車，在雪地上測試。

我記得在二月期間，幾乎每個星期都會因為暴風雪而停班停課一、兩天。路上的積雪全被鏟到宿舍後方的停車場堆高，很快就堆成一座五層樓高的小山丘，我們把它稱為「劍橋峰」，吸引了很多學生結伴來此「登山」一遊。有人還把宿舍烤箱的鐵盤帶去，當做滑板開始滑雪，大家玩得不亦樂乎，直到校警出現把群眾驅離，在劍橋峰周邊圍上了鐵柵欄。但是後面幾天，我從宿舍望出去，偶爾還是會看到有人偷溜進去玩。劍橋峰的冰雪直到五、六月左右才完全消融。

腦筋動得快的人抱著好玩的心情，在波士頓成立了一家公司（參 https://shipsnowyo.com/），專門把路上誇張、離譜的積雪用空運的方式賣給全美國的消費者。聽說這個做法讓他們生意興隆，賣出了近一萬磅的雪，因為原料幾乎是免費的，公司大發利市。

有很多人是百般不情願前來波士頓求學，因為當地的冬天是出了名的酷寒。有時三月底還在下雪，我真恨不得ＭＩＴ能在熱帶地區設立一間分校。可是幾個寒冬下來，我反而沉浸其中，忘不了暴風雪過後，那一片片鬆軟的雪花在夕陽映照下隨風起舞的絕美風景！

第十八章
破解「魯蛇」心態

在我鑽研炭化模型幾個月後，古奈教授開始問我要怎麼設計我的炭化反應爐？我從與肯亞製炭公司合作的經驗中，心中已對這個反應爐有了粗略的樣貌，但還沒有一個確切的設計，所以不知從何下手。我面臨的問題是，雖然我知道很多設計的可行性，但我不確定這些設計能否在肯亞或印度鄉下加以製造及運作。

因此，二〇一四年一月第二次去印度時，也想再仔細地看看當地研發的炭化機器，以激發我的設計靈感。我先到卡威（Karve）博士的單位，花了一、兩天的時間觀摩當地人如何製炭。有一天早上，我盯著壓縮炭塊的機器看了好幾個小時，這部機器是用馬達來發動，發出嗡嗡嗡的聲音。工人從上方餵食炭粉及黏合劑，下方出來的就是炭塊。

忽然間嗡嗡聲停止了，原來是機器壞掉了。工人面對當機只是聳聳肩，接著不慌不忙地把機器拆開來修理，不到二十分鐘，機器再度啟動嗡嗡嗡地運轉了。

這時，我似乎有點開竅了，原來我最終想設計出來的機器大小和效能就必須像這樣，萬一發生故障，現場就能解決。

問題是，我到底要怎樣設計我的機器呢？我的心中仍然沒有明確的答案。不過，我現在已經開始想像人們在印度鄉間使用它的情景了。

從印度回到波士頓的飛機上，我開始在筆記本上塗鴉，試想著各種不同的設計，有的和我在印度所見的雷同，有些純粹是天馬行空。其中一款設計較合我意，但當我計算這個反應爐的導熱值時，發現它不夠大，這表示它無法使爐中的所有生物質都被充分加熱。

這是一個非常困擾的難題。回到ＭＩＴ後，我求教於實驗室的同事，看看他們有沒有解決辦法。

我們站在白板前一個半小時互相腦力激盪，但似乎都無法解決這個問題。

「或許你可以在反應爐中投入很多加熱過的石頭，幫這個反應爐加熱。」一位同事在大家沉默幾分鐘後如此說。大家都笑了，因為這根本是不可行的荒謬想法。看來，大家都已經想到腦袋發昏、沒有別的主意了，我不得不請教史洛康教授，畢竟他是設計專家。

「我覺得，只要能解決這個導熱值的難題，就能有個十分精美的設計了。」我告訴他。

「物理才不在乎你心中的感覺，也不在乎你的設計精美與否。」史洛康教授潑了我冷水。「你的設計違反了物理定律，你再怎麼求我，我也無法幫你解決。你必須想出其他不違反物理定律的設計。」

我又垂頭喪氣地回到白板前面。最後，我對我的設計做了一些大幅度的修改。導熱值的問題解決了，但我的設計卻複雜許多。到了二〇一四年初，我終於有了第一個設計，一個我認為可以在印度鄉間被製造及維修的反應爐。

以前，我一直以為，MIT的各項發明都是極端聰明者的瞬間靈感之作。我後來漸漸發現，這種發明可說少之又少，因為絕大部分的瞬間靈感一開始都是錯誤的，必須經過改良。大部分的發明都是嘗試後再嘗試、改進後再改進，逐步完善而成的。

毫無邏輯的差勁設計

有了第一個設計之後，我必須開始了解這樣的設計在不同情況下的運作，因此我寫了一個模擬程式（用我之前的烘乾及炭化椰子殼的程式）。花了將近三個月的時間，我有了一個龐大的程式，大約需要在八台電腦上跑十二個小時才能跑完一個模擬的情況，有些笨重，而且時常當機。無論如何，我終於有了初步結果，恨不得趕快和我的論文委員會教授們分享。

我的第二個論文委員會會議安排在二〇一四年五月。我為此準備了約六十張幻燈片。結果講到一半，一位教授睡著了。當我講了約四十五分鐘時，古奈教授打斷我：「我的腦袋被你搞得非常糊塗。我完全不懂你這些亂糟糟的公式。而且我也不同意你對於溫度的說法——炭化溫度太高反而導致能量不必要的損失。」

我不同意古奈授的說法，如果炭化溫度太低，反而會導致燃料品質不佳。

「你證明給我看。」古奈教授說。我試圖解釋我的模型，但他還是覺得雜亂無章，無法理解我的邏輯。這時，我說得也有些惱怒了。

「論文委員會的一個小時已經到了。」古奈教授最後說，「我還有另一個會議得趕過去。你把你的模型結構全部寫出來給我看。我們下星期再繼續討論。」

我照做了，深盼這份四十頁的詳細文件會比我的解釋更加清晰。

一星期後，我和古奈教授有了後續的談話。

「我讀過你的文件了。」古奈教授說，「寫得非常糟糕，我都打算要把你給當掉了。」

我有點驚訝，緊張得連吞嚥口水都覺得口乾舌燥。

「這份文件表明了你腦袋現在一片混亂，毫無邏輯可言。」古奈教授繼續說，「你的模擬方式完全錯誤。」他解釋，一個好的模型必須簡明易懂，可以輕易地提取不同變數之間的關係。這時我才領悟到，我連這個最基本的因果關係都沒有徹底搞清楚，又如何能百分之百確定我那複雜的模型是對的？

他要我把現有的模型全丟到垃圾桶裡，從零開始。他認為我一開始應該把反應爐的模型簡化成最簡單的黑箱，這個黑箱模擬雖然不精確、有很多錯誤，但我應該盡可能從黑箱中觀察不同的關係。等到都理解透徹後，再進一步把模型更複雜化。

我與古奈教授的會面再次鎩羽而歸，覺得我徹底浪費了他的時間。而我也浪費了過去幾個月的時間，因為我先前寫出來的所有模型都不能用。

自創感冒論，走出沮喪

晚上睡覺時，我作了一個夢。在夢中，我回到了那位面目和善的教授課堂上，正在寫期末考的考卷。考題不多，但是很難。我解了很久，都沒什麼進展。

這時教授走到我身邊，驚訝地問我：「你怎麼還在這裡，還沒畢業？」其他學生馬上朝著我看。我看著一張張陌生的臉孔，我認識的同屆學生大多已經畢業了。我是最落後的學生。

我從睡夢中驚醒後，輾轉難眠。我想起了麥特的故事。他也在MIT待了很久，但至少他在畢業前就已經在非洲成功地測試了博士論文中探索的科技。而我的博士研究至今已經要進入第六年了，不要說打造反應爐了，連最基本的模擬都不會做。

「你是一個徹頭徹尾的魯蛇。」我的腦海中有個聲音在說，「人家麥特是真正的工程師，有多年的工作經驗。而你之前一點工程經驗都沒有，是個冒牌貨。你不會機械設計，也不會模擬。你正一點一點地露出馬腳。你的研究終將一事無成。」

聽著這個聲音，我不禁潸然淚下。

但另一個聲音接著響起：「這種把你自己和別人比較的心態十分危險，它可以徹底毀掉你。你不是麥特，也不知道他這一路上經歷了什麼樣的艱辛和挫敗，你所看到的只是他最終的成果而已。你不要想太多，只要專心做好當下的每一步就好，其他自然會水到渠成。」

「何況，」這個聲音話鋒一轉，繼續說，「如果你真的是冒牌貨，那也不是你的錯，那是ＭＩＴ判斷失誤。該被歸咎的是ＭＩＴ，不是你。」

兩種聲音在我心中拉扯著，儘管難過沮喪，第二個理性聲音終究還是略勝一籌。接下來幾天，難免還是會鬱鬱寡歡，但是我也逐漸理解，這對經歷挫敗的人來說是正常的情感反應。只要我不被它牽著鼻子走，平和地面對它，沮喪和自我貶抑只是暫時的，就像罹患感冒一樣，很快就會痊癒。

這就是我所謂的「感冒論」。在ＭＩＴ，面對挫折、覺得前景不明或對自己毫無自信時，都需要一種應對策略；有人會大哭一場、有人會藉助激烈運動，或是和親友、校醫詳談，我的應對策略則是調侃自己，說：「你又感冒了！」

雖然「感冒論」看起來有些荒謬可笑，但是對我的精神健康至關重要。我當救護員時，常常要照顧一些罹患憂鬱症或企圖自殺的學生，這些年來，我身旁也有兩位學生真的輕生了，很多學生在ＭＩＴ的高壓環境下，精神狀態逐漸走下坡，很多時候便是從「我是一個徹頭徹尾的魯蛇」或「我是一個冒牌貨」這樣的念頭開始。而我這種半接受卻又半調侃的「感冒論」，是我在偶爾憂鬱時企圖拯救自己、拒絕讓憂鬱演變為長期精神失調的有效方法。

自助人助，撥雲見日

二〇一四年六月，我把我的模型全部重寫，這段時間我幾乎是以圖書館為家，因為必須重讀很多模擬方面的教科書和文獻，再加上我寫好新模型之前，實在沒臉回辦公室工作。

到了七月，我的「黑箱模型」已經大致完成，所以我把它呈交給指導教授，又和他討論了一次。雖然還是有些小地方要修改，但我的模型大幅提升了我的自信心和說服力。八月後，我開始把黑箱模型複雜化。

可是模型總歸是模型，無法完全取代實體的反應爐，因此從二〇一四年秋天開始，史洛康教授開始催逼我根據模型打造實體設計，包括反應爐要多高、多寬？如何一步步建造這個反應爐？

「古奈教授要你做模擬，目的是要你為自己的研究問題做足分析。」史洛康教授說，「但是，光靠分析是不足以得到所有答案的。機器設計及實體操作才是唯一能夠印證你的分析的方法。」

我對機器設計毫無概念，生平從來沒做過，也不會用任何工程製圖軟體。因此我畫出來的工程圖一開始就像卡通圖案似的，缺乏細節。史洛康教授看了直搖頭。

「我錄用了一位新進機械工程碩士生梅根（Megan）。」他說，「梅根對於機械設計很有經驗，也對這個炭化反應爐很感興趣。你去和她談談，看看能否幫你設計。這部分的設計說不定也可以成為她的碩士論文。」

梅根是加拿大人，除了機器設計，也熱愛戶外運動。她以前發明過一種新型醫療器材，因此有些創業經驗。

我跟她解釋了我的模型，並說明這部反應爐所需的尺寸等細節。她馬上說我的設計有很多不切實際的地方，例如在反應爐頂端裝個像甜甜圈但挖空的管子。

「這個甜甜圈是做什麼用？」梅根指著那部分問我。

「這是可以均衡地注入更多空氣，使反應爐的燃燒更完全。」

「這個甜甜圈的形狀很難用鐵皮製作，做起來會很貴。而且建好後放在爐子上方這裡，以後沒辦法清理維修。」梅根說，「我們得想想別的設計方法。」

我們把整個反應爐的設計分成七個組件，每個組件都考慮到如何設計才能便宜、容易建造和維修等，同時考慮不同的組件如何組裝。這也是史洛康教授最擅長的地方，因此他常常加入我們的討論，給我們一些指導意見或他的經驗。

二〇一五年年初，史洛康教授把我們介紹給他合作很久的一位機器製造商，開始為我們不同的組件進行估價。這個製造商也給了我們更詳細的設計建議。

整個設計過程花了將近一年。一開始，我只會畫卡通似的設計圖，經過了一年後，在史洛康教授及梅根的幫忙之下，我學會在設計中考慮每一個螺母及螺旋的位置和組裝細節。

這時，古奈教授實驗室年長科學家桑托士（Santosh）也開始在我的反應爐設計上助我一臂之力。這個反應爐需要連接到可燃氣體上，而且我們得把氣體點燃，過程中需要注意操作安全，否則一不小心就會造成火災，甚至爆炸。桑托士有很多設計燃燒系統的經驗，因此很有耐心地教我如何設計及控制火焰，並在不同的地方放上安全閥門。

有很多人看到我的設計，都以為我是機器設計專家，已經從事設計很多年。但是，事實並非如此。我是在毫無經驗的背景下投入我的研究，而ＭＩＴ一開始也從未要求我必須要具備這類經驗，也不在乎我可能是一個「冒牌貨」。反而是在我最不足的時候介紹了適當人才

（如梅根及桑托士）給我，給予我詳細的指點。我也發現，只要自己肯下功夫，在耳濡目染下，一個冒牌貨也可以在一年內搖身變成專業的機械工程設計師。

因此，我在二〇一五年夏天召開了我的第三次論文委員會會議。我從模型開始講起，然後呈現了梅根和我做出來的設計，並且和在場的史托納教授商議，請塔塔中心核准及撥款來建造這部機器。史托納教授輕易地同意我可以開始大興土木了。

第十九章

火燒機器

建造反應爐的製造商位於波士頓北方兩小時車程的新罕普夏州。由於反應爐太大了，ＭＩＴ的實驗室容納不下，因此我們同意會在製造商那裡測試完畢。二〇一五年九月前測試完畢後再拆裝帶回ＭＩＴ，剛好可在九月底的塔塔中心年度大會中展示。

問題不斷，遷怒他人

九月初，製造商說機器不同的組件都已建造完成。桑托士、梅根和我趨車前往新罕普夏州製造商的廠房去檢視零件。

我們馬上發現了一個惱人的小問題：我們當初是依照最終的運作功能來設計機器，並沒有細想該怎麼安裝中間測試過程中所需的儀器，像是出氣口。我們的設計只是一個大洞，沒有考慮到如何連接到可控制空氣流量的儀器上。因此，我們的反應爐雖然可以運作，卻無法給予精確的科學數據。

這個小問題漸漸地變成了一個大問題，到了九月中，大半個反應爐都得重新設計，原本在塔塔中心大會要展出的計畫也因此跳票。我的指導教授感到十分失望，覺得我們在印度來的嘉賓面前丟盡了臉。

新的設計到十月中結束，又重新發包給製造商。建好時已經十月底了，我們又馬上開車去測試。結果空氣注入口的模擬似乎不正確，一直無法使母火維持穩定，一下子就熄滅了。桑托士靈機一動，把一個瓦斯爐小心翼翼地拆開來，連接在反應爐下方。結果在經過幾天的失敗又改進後，成功地使母火保持穩定。

偏偏這時梅根主導設計的生物質輸送系統出了問題，我們用的木屑常會卡住系統，無法連續餵食木屑。梅根回到MIT之後，又加蓋了一個攪拌機來均勻混合木屑。我對於做這個攪拌機並不是很高興，覺得我們愈處理愈複雜。

這時我的壓力很大，加上看到梅根的輸送系統修了半天還是有很多問題，感覺整個人都要失去耐心了。我覺得我自己設計的反應爐加熱裝置已經沒問題了，唯有梅根的輸送系統導致整個測試拖延，於是我開始把錯誤怪罪於她。

梅根聽到了我的批評，也覺得不以為然。史洛康教授知道我們的爭執之後，認為我很自大。

「你既然對自己的成品那麼有自信，在梅根修理輸送系統時，為何不幫你自己的反應爐做加熱測試？」他反問我。

這時已經十一月多了，整個測試過程拖延得令我十分焦急，於是我照著史洛康教授的建議來測試反應爐。

因此一天下午，我小心翼翼地餵入木屑，慢慢打開瓦斯爐加熱。兩個小時後，有東西開始從反應爐出口出來。我們發現那不是炭，而是巨大的火焰！這可不行！火焰由下往上燒，不僅會燒壞昂貴的儀器，要是再燒得更猛烈，我們就無法控制這個火焰。

我馬上喊停。大家迅速往反應爐各處澆水，兩分鐘就把火勢撲滅。製造商看到這一團火，嚇得他一身冷汗，告訴我們沒把這個問題解決之前，他是不會允許我的反應爐再進他的工廠。

反應爐冷卻之後，我們開始檢視損害。大部分的結構都還可以使用，不過有幾條連接溫度計的電線都被燒斷或燒熔了，我得再買一個新的溫度計來加以換新。

一肩扛起失敗責任

這時已經十二月了，修改反應爐的資金已經快用完了，因此桑托士和我碰面，討論下一步該怎麼走。

「這個測試過程太冗長、也太昂貴了，而且有很多核心缺陷得好好檢討。你應該停止測試，重新思考你的研究方向，做一個新的、小一點的設計。」桑托士說。

「我們花了好幾個月建造好的機器，目前才測試了兩個小時而已。你憑什麼現在就輕易放棄呢？好歹再給我幾次機會。」我有點惱怒地回答他。

「如果你設計的是飛機，結果卻造了一輛汽車，然後測試汽車不會飛時，你試圖把機翼黏在汽車兩旁，這便是一個從基礎上就有缺陷的設計。」桑托士說，「這種缺陷不需要反覆測試，只要一次不行，就得回到白板上重新開始。」

「再給我五千美元，再給我一個月的時間，我就可以修好起火的問題。」我堅持說。

「如果你真的能做到的話，我請你吃飯。我再重申一次，會起火的機器，會卡住的輸送系統，這些都是核心缺陷，不是你隨便加一個補丁就能快速修理好。而且即使你把這些問題修好了，能擔保反應爐沒有其他缺失嗎？」桑托士反駁，「你想要十年後還待在這裡做博士研究嗎？」

「當然不想。可是我覺得我從這部機器上還可以學到一些新的東西。」

「就算你可以學到新的東西，但這些東西能用在你的博士論文上嗎？你能擔保自己可以完全掌控這部機器，在穩定的情況下給你可以重複的科學精確數據嗎？即使哪天這部機器真的在某種情況下成功了，你只是僥倖走運而已，根本不是靠深度了解內部的運作來了解成功的原因。」

桑托士看我一直執著不放，於是私底下去見古奈教授談了我的事。古奈教授給我一個月修復這些錯誤。結果我又來來回回了數次，還是沒辦法解決反應爐自燃的問題。一個月飛快地過去了，經費也花完了，我不得不向現實低頭。我也告知梅根，因為反應爐本身的設計就有問題，在我解決好之前，她的輸送系統不必修了。

於是我在二〇一五年聖誕節前兩天，租了一輛大車去製造商那裡，把反應爐的所有零件塞滿一整輛車。當我獨自開著零件已堆到車頂的車從高速公路返回ＭＩＴ時，腦子裡不斷盤旋著一個疑問：我們花一年完成的設計，小心翼翼地採納了大家的意見，最後落到這種地步，究竟是誰的錯？是史洛康教授的設計建議有瑕疵嗎？還是古奈教授沒有針對我的導熱模型給予充分指導？抑或是梅根幫我設計時，沒有徹底去了解反應爐系統的行為及需求？

想來想去，最後我得承認，唯一能怪罪的人就是我自己。以前我在救護車隊擔任志工時，學到怪罪別人都沒有好下場。而現在反應爐測試不成功，當我試圖把責任推給別人時，只是一種鴕鳥心態。

以前，我和史洛康教授、古奈教授或桑托士碰面時，總是有著把他們當神一般的心態，因為他們是這個領域的頂尖，而我不過是剛起步的學徒。因此每當教授對我的設計有新的建議，我總是立即遵照他們的建議去更改，毫不質疑。梅根雖然比我年輕，但她對於機械設計的經驗遠比我多，我也幾乎從來沒有質疑過她的建議。

可是我漸漸體會到，如果我要為自己的研究負責，就不能囫圇吞棗式地全盤接受他們的建議，當問題出現時，更不能指望他們能提供所有的解決方法，而是自己必須加以過濾及評估思考。若其中有些是好的想法，我也就要積極接納；反之，若是不好的建議，我也得在鑽研之後予以拋棄。

或許，我在博士班的成長之一便是逐漸學會將世界頂尖的專家看成是凡人，他們偶爾也會犯錯，我是可以與他們一同並肩探索未知。有這樣的認知一方面固然令我有點恐懼，因為我從此無法再拿任何導師作為擋箭牌，來推託自己的錯誤；但另一方面，這會令我感到自由，因為我不必再無條件地接受指導老師們所說的一切。博士學位象徵著學術界認同一個人有自己的獨創想法，可以有自信地捍衛他人對其思想的挑戰，並據此想法對世界做出獨特的貢獻，因此，如果我要成為貨真價實的博士，就必須對自己的思考有自信，並肩負起責任。

重生時刻，蓄勢待發

現在，我的首要責任便是收拾這個自燃反應爐的爛攤子了。

我先列出了目前設計上的所有問題，以及我學到的一切。我開始思考，如何重新設計一個不會重蹈覆轍的反應爐。事後看來，原先的反應爐設計錯誤百出，這似乎是無法避免的結果，因為原來的模擬範本不夠全面，無法預測所有可能產生的突發狀況。如果在這過程中有一個我該汲取的教訓，那就是不應該建造一部那麼大的機器。我太想把它商業化了，所以一下子就建了一個半公尺寬的反應爐。結果不僅造價昂貴還很笨重，以至於每進行一次維修，都得花上至少半天時間。也因此，我的第二個反應爐的尺寸必須縮小一點。

不過，我目前已經沒有研究資金了，無法重建一個新的反應爐。可是我搬回的零件並非都是無用的破銅爛鐵，當中有很多昂貴的材料可以再利用。我把現有零件逐一陳列好之後，想出一個可以利用這些回收零件組成的新裝置。我去機械工廠自行做了一些更改，造出一個簡單的加熱設備。

二〇一六年一月初，我召集了史洛康教授、古奈教授、桑托士及梅根。我先檢討了這次測試的失敗原因，然後與其他人討論下一步該如何處理。我也展示了我用回收零件新組裝的加熱設備。後來，我們和史托納教授討論過後，塔塔中心同意提供一些額外資金，讓我把加熱設備擴建成可以進行炭化實驗的系統。

剎那間，我彷彿得到重生一般，充滿希望。有了這一年左右研究資金的支持，我就有了另一次機會重新設計我的反應爐。如果設計成功，這個反應爐便有了新契機可以繼續商業化。萬一又失敗了，我也不必指望會再有新的資金挹注。無論如何，我的內心此時此刻被一種無法解釋的自信所充滿，在過去的六年半裡，MIT已經把所有能教我的都教了，在這最後的一年中，是我可以整合我過去所學的一切，讓自己閃耀發光。

第二十章

登高必自卑

二〇一六年一月，在我的反應爐設計重獲生機後，我便馬不停蹄地飛往印度。

多年下來，我體悟到一個事實：因為我的反應爐設計對象是針對發展中國家的鄉間百姓，每當我在MIT碰到研究上的困境或心有困惑時，回到印度的鄉間，就等於是回到我工作目標的起點，置身現場，帶給我的思路及觀點莫大的助益與啟發。

古奈教授和桑托士在我測試失敗之後給了幾個方向。我對於古奈教授所提出的低氧炭化想法有點共鳴，因此想朝這個方向努力，設計出一個可行方案。

我先前的設計仍然太複雜了，因此強迫自己做更進一步的簡化。最後，憑藉著我以前在肯亞製炭的直覺，畫出了一個我深信會成功的設計。

這個設計比我原先的設計更加簡化。如果在北美或歐洲做製炭技術的同儕看到了，很可能會嗤之以鼻。那又如何？這些同儕的設計是針對美洲或歐洲大型企業的炭化需求所設計的，而我大概是目前唯一針對鄉間需求來開發小型炭化設計的工程師了。因此我做出來的設計，只要我自己有信心可以符合發展中國家鄉間的需求就行了。

在這趟印度的旅程中，我完成此次設計的剩餘細節，然後傳給美國的製造商去估價。以前花了整整一年的設計過程，在做過一次之後，第二次快了很多，才一個多月就完成了。

草創實驗室

可是，我碰到了一個令我頭痛的問題：我已經沒有和新罕普夏州的製造商合作了，因此反應爐建好之後，要在ＭＩＴ的哪個地方進行測試呢？

指導教授的實驗室那時正在施工裝潢，根本沒有多餘的空間容納我的反應爐，我必須想辦法在ＭＩＴ找個房間來打造自己的實驗室。

去哪兒找這個房間呢？

「記得幾年前，ＭＩＴ有一組學生正在研發生物柴油。」朋友告訴我，「他們團隊現在已經解散了。他們當初在測試柴油引擎時一定有個實驗室，可以提供燃燒實驗的抽風需求。你可以和他們談談嗎？」

我上網去找了生物柴油社團，發現他們也是ＭＩＴ全球挑戰的獲勝者之一。他們的網站已經過時，但我聯絡上其中一名成員。

「當初我們得到全球挑戰的獎金之後，便向MIT申請了一個實驗室來進行柴油引擎的測試。這個過程耗時好幾個月，很令人頭痛。」他也把我介紹給MIT的環境安全健康部門。

環境安全健康部門和我詳談後，便帶我去看生物柴油社團那間空空如也的實驗室。他們告訴我，這個實驗室隸屬於MIT的研究副總裁，他們無權給我這個空間的使用權。

最後，我直接寫信給MIT的研究副總裁，請她允許我使用這個實驗室。我的指導教授也和她洽商。經過幾個月，我終於拿到這間實驗室的鑰匙。

由於我的反應爐會噴火，我也和MIT環境安全健康部門交涉了好幾次。他們也規定這間實驗室必須安裝一些危險氣體偵測器。

最後我發現，由於MIT的體制十分龐大，難免會存在一些官僚制度。例如，為了爭取實驗室的使用權，就讓我頭痛了好幾個月。所幸，MIT的官僚系統不會極盡刁難之能事，只要有適合的理由和目標，並且極具耐心地一次又一次解釋，相關單位還是會理解並釋出善意的。

最後測試成功達陣

三月時，製造商已經建造好了新設計的炭化爐。我把不同的零件帶回MIT組裝。這時梅根已經畢業，桑托士也去做其他研究，因此在未來的幾個月內，只有我和機器在實驗室裡獨自相處。

首先，我做了一個最簡單的測試。我把木屑餵入反應爐，但是沒點火。接著轉動馬達，讓同樣的木屑從另一頭出來。

沒想到這麼簡單的測試也出現了幾個問題，於是我又花了一、兩個月的時間去修正。有時我覺得透過製造商去修改太慢、太貴了，便把反應爐零件拆下來，直接拿到MIT的機械廠房自己動手鑽洞切割。光是這樣的動作，一天可以來回好幾次。連這個最簡單的測試，也讓我經過一、二十次的修正才把問題解決。

接著，我前進到第二步：把木屑餵入反應爐，但是馬達暫停。送入的只是被加熱的氮氣（不是空氣）。氮氣不像空氣，它不會燃燒，可以透過它的熱度來測試木屑炭化的過程，而不會有木屑自燃之虞。

我立刻又發現了一些問題。首先，現在的溫度計無法測試那麼高的溫度，所以更換了一種新的溫度計，同時也更換了擷取溫度計數據的線路。後來我發現熱源的溫度不夠高，不足以炭化反應爐底的木屑。為了這個加熱裝置，我又重新設計了兩、三次。

第三步和第二步一樣，只是把馬達打開了。炭化後的木屑慢慢地從出口跑出來。看到出來的炭化木屑沒有像先前時自燃時，我大大鬆了一口氣。除此之外還有幾個小缺失，我花了一星期去調整。

第四步和第三步一樣，我小心翼翼地把氮氣換成平常的空氣。炭化反應是穩定進行。

最後一步則是關掉熱源，讓木屑在沒有任何外來能源下繼續炭化。這一步也成功了，我的反應爐終於在二〇一六年八月測試成功。

久違的驕傲感

之後，我改變馬達的轉速和空氣流量，持續觀察炭化環境有何不同。除了木屑，我同樣測試了米糠和稻草。一開始，我不知道如何表達各種物質的重量、溫度、固體成分等不同的數據，因此桑托士和我花了好幾週的時間，定義反應爐的一些重要功能指標。

舉例來說，當工程師要設計一款新的飛機時，必須為這架飛機的性能進行不同的測試，飛行員才知道如何藉由引擎轉速、機翼角度等來控制飛機的性能及行為，才不會超過安全操作的範圍之外。當我設計了新的反應爐，我也必須提供類似的數據，這樣子其他人才知道要如何操作並控制。

過程中我發現，我需要不同的儀器來為炭化後的樣本進行分析。因此，桑托士和我幫實驗室添增了幾個重要的測量儀器，包括熱重分析器、熱量計、氣相層析質譜儀、磨碎機、壓縮機等。幾個月前還空空如也的實驗室，沒過多久就已經看起來非常專業。目前，只有幾個數一數二的實驗室可以測試生物質廢料及固體燃料，過去ＭＩＴ並沒有自己的設備，因此每當我們的樣本需要測試時，都要送到別的實驗室和別人合作測試。

因為我的博士論文需求以及塔塔中心的資助，桑托士和我如今也幫ＭＩＴ增加了這項新的測試功能。這幾個月裡，也有別的實驗室有意和我們合作，送樣本給我們測試。當來自埃及、印度、巴西等世界各地的訪客拜訪古奈教授時，常常是從這個實驗室開始參觀。

後來，我透過ＭＩＴ雇用了兩位大學生來協助我做實驗。每當我早上來到實驗室，聞到反應爐微微的燒焦味，聽到熱重分析器幫浦的輕微呼呼聲，看到那熟悉但有點凌亂的筆記本和樣本散布在桌上時，似乎重拾了我剛進ＭＩＴ的回憶，也就是走進生物實驗室的驚豔感。七年後，我仍然無法置信，在這裡，我是ＭＩＴ的博士生，而這看似平凡的實驗室正在做著非凡的研究！

除了那種驚豔悸動之外，不禁有一種以前從來沒有的驕傲感：這實驗室的一切都是桑托士和我從零一手打造的！

欣賞了這一切之後，心裡有個聲音告訴我：「你該畢業了。」

於是，我把初期的數據分析完畢，二〇一六年十一月初和我的論文委員會教授們碰面，並告訴他們我打算在二〇一七年六月畢業。我設計的反應爐構想後來上了報紙，之後，與一些商學院同學合作的成果，得到了ＭＩＴ清潔能源獎、ＭＩＴ食品及農業創新獎、美國專利律師協會環球獎等。

步步爲營的研究哲學

這是我的實驗研究榮耀的時刻，也是我博士生涯的高峰。從我在二〇一三年開始和古奈與史洛康教授以博士論文的方式研發製炭技術起，我常常想像著，當反應爐測試成功那精彩的一剎那，我的心情一定是百感交集！可是當我真的經歷了這一切之後，事實並非如此。

我會這麼想可能是當初我並不清楚如何達成目標（讓反應爐測試成功）。因此，這個目標在我看來，就像是一個無法以尋常步驟達到的奇蹟般，必須擁有一種超然的信心突破或突發靈感，才能幫助我一蹴而成。

但一路走來，研發的過程本身並沒有依靠信心突破或突發靈感，就只是按部就班、步步為營的科學測試。每一步都必須在我測試或修改到有自信沒問題之後，才能繼續前進，進而為反應爐奠定一個穩定的科學基礎。如此一步步走來，我對於這次所設計的反應爐也愈來愈有信心了。

因此，當正式測試整個反應爐的最後一步到來時，我早已成竹在胸，終於大功告成時，我一點都不覺得驚訝，更別說百感交集了。這一天對於我而言，不過是自己步步為營的科學方法的最後驗證而已。

話雖如此，整個過程也不是毫無感情的。經過幾年的波折，在我即將拿到博士學位之際，我的內心沒有絲毫優越感，我只感到一種深深的謙卑。這幾年來，雖然我做出一些基本貢獻，但尚未探索的東西還有很多，而自己未知的似乎更多。就如史提夫學長多年前對我說的：我發現了宇宙是多麼浩瀚、研究多麼艱難，而自己又是多麼渺小。探索未知猶如走在迷霧中，但偶爾雲霧稍微散開之時，我短暫瞥見了宇宙的永恆及無限。在這大千世界裡，一步步找尋並釐清這些非凡的宇宙定律，並開闊自己的視野，大概就是歷代科學家的終極追求吧！

我的指導教授也是這樣穩扎穩打，一步步獲致今天的成就。當我畢業離開ＭＩＴ後，學弟妹也會這樣循序漸進，走出自己的一片天。如果我有可以成為他們未來借鑑之處，就是全心實踐「按部就班，步步為營」的研究哲學，不貪快也不抄小徑，讓他們得以少走冤枉路。

第二十一章

IHTFP

在MIT，有一句古老的、神祕的、眾所皆知卻又沒人能確切定義的縮寫字。它由I、H、T、F、P這五個英文字組成。每當有人問到這五個英文字究竟是什麼意思時，學生們給出的答案也都各有不同，例如：

- I hate this f*cking place.（我恨透了這糟糕的地方。）
- I heart this fantastic place.（我愛這個奇妙的地方。）
- I have truly found paradise.（我真的找到仙境了。）
- I have totally forgotten physics.（我完全把物理忘了。）
- I have to forever pay.（我得償還一輩子。）

我在ＭＩＴ的那幾年，從未去釐清這五個字代表什麼意思，因為我想，它們大概會隨著詮釋者當時對於ＭＩＴ的心情、處境、天氣等因素，而有不同的解釋吧。

在我漫長的博士研究過程中，上述五種情境我大概都經歷過了。但就在畢業前一年，我有了另一種體會。當我晚上下班、再次走過無限長廊回到宿舍時，長廊兩旁貼滿的海報依舊象徵著無限的機會，但現在對我而言，它們似乎飽和了。

「有任何可以拯救世界的想法嗎？歡迎申請ＭＩＴ全球挑戰競賽。」我盯著一幅非常吸睛的海報瞧。是的，我已經以不同的創意主題參加過這項比賽六次了，還得了三次獎。這個資源已經被我用了好多次。

「ＭＩＴ救護車隊正在招攬新的救生員！」我的注意力轉移到另一幅海報。沒錯，我從救護車隊學到了很多，該是讓新血體驗的時候了。

「加入ＭＩＴ樂團！」另一幅海報試著向我吶喊。雖然前面沒機會討論，不過我曾加入ＭＩＴ樂團擔任兩年的鍵盤手，演奏了幾首至今難以忘懷的曲子。那是一段非常開心的時光。可是和我一起演奏的樂團成員都已經畢業，我也不會再回去了。

還有許多其他形形色色的海報，上面寫的是我在ＭＩＴ這八年中從沒嘗試過的活動。有一些是我還是新生時就非常想參加的，只是這八年來始終無緣體驗。幾年前，我可能還會為此懊悔不已。如今畢業在即，我反而變得能夠平心靜氣地接受這些錯失的經驗。

因為我了解，ＭＩＴ可以提供的機會和方向實在太多了，猶如從消防栓中飲水一般，取之不竭。一開始，我本來有意朝每個方向都嘗試一下，但光是應付課業和研究就夠我忙了，而且即使全心投入了，似乎也沒有什麼具體的進展。幾年過去了，我發現在MIT生存的祕訣不是囫圇吞棗，而是刻意選擇幾個足以激發我的好奇心和熱忱的方向去探索，並在過程中細細品嘗途中的一切，由此體會人生的真諦以及宇宙之美。至於無緣探索的方向，也不用戀戀不忘。

這些年來，我一直留在MIT繼續我的博士研究，並沒有中途輟學直接跑去肯亞創業，如同我的一位導師說過的，那是因為我覺得留在這裡還有其他可能性，以及自我成長、學習的機會。而當我對於這些可能性的好奇心轉換成一種陳述的飽和感時，我心裡自然有數，知道是我該離開MIT、迎向世界更大挑戰的時刻了。

而當下我最大的挑戰，莫過於我的博士論文。

晉身MIT新科博士

以前我就常聽學長說起寫博士論文的恐怖經歷，尤其是很多人拖到最後一刻才開始抱佛腳，在幾個星期內得挑燈夜戰完成兩百多頁的論文。但是當我提起筆時，發現實情並沒有他們說的那麼可怕，因為我要陳述的是關於我自己的研究故事。當所有研究結果都按部就班、依序到位後，我的工作就只是把它們串連起來，為其邏輯性做最後一次檢視。

除了論文，博士畢業還有另外一個要求：為自己的研究舉辦一個公開的答辯。我必須做一個一小時左右的簡報，描述我的研究貢獻。然後我的指導教授和聽眾會問我各種不同的問題。我把它安排在二〇一七年五月中旬。

除了論文指導教授（古奈、史洛康等人）及實驗室的同事之外，我也邀請了一些朋友及其他MIT學生社團活動的同學來捧場，總共來了二十多人。我的桌上放滿了道具，有生物質廢料的樣本、炭化的樣本，以及用來測試燃料的肯亞爐子。講完之後，大家輪流發問，全都是我預料之內的問題。

可是這時，史洛康教授戲劇性地清了清他的喉嚨，開口說：「請你回到你的反應爐比較圖上。我覺得這是錯誤的。」

我又和他解釋了一次我對於這張圖的詮釋。

「據我所知，炭化通常是十分鐘以上的過程。」史洛康接著問，「可是這張圖你畫了五分鐘，甚至一分鐘的過程。這怎麼可能？」

「這是我是根據炭化十分鐘以上的數據來外推的。」

「但這外推根本是錯誤的，因為你的反應爐根本無法在五分鐘以下的過程中運作。」

「從理論上來說，炭化在溫度夠高的情況下，短短一分鐘的過程確實就夠了。所以雖然我的反應爐無法在此情況下運作來證明，這不代表這外推是錯誤的。」

史洛康教授仍然執著地追問我那張圖。我有點火大了。這張圖我已經給你看過兩、三次了，為什麼這些問題不在四月份最後一次論文委員會會議上或口試前提出？

我想繼續和他爭辯，以證明自己的能力。就在我要開口前，看著大家凝視我的目光，忽然念頭一轉：今天來看我口試的都是長年來支持我的導師、同事及朋友，每個人都希望我能成功，也沒有人還會在此時此刻質疑我的研究能力。因此，繼續爭辯的目的何在？這樣和史洛康教授爭得面紅耳赤，不僅大家看得不舒服，也耽誤了寶貴的時間。

於是，從我口中說出的不是反駁，而是和解：「您說的這點我了解，也記下來了。我呈交最後的論文時會把它更正。」

「你這次回答得很好，」史洛康教授馬上接著說，「很多學生會繼續爭辯下去，不僅贏不了我這個令人頭痛的老人，也會把自己已陷下去的洞愈挖愈深。」

結果這是我論文口試的最後一個問題，考的不是我的科學研究及思考實力，而是我做人處事的常識——退一步，即是海闊天空。之後，教授們一一和我握手，慶祝ＭＩＴ最新出爐的博士。

苦中帶甜，甜中帶苦

散場後，我獨自一人把教室的桌椅回復原狀。八年前，這間教室是我和二十位新生上第一堂課的地方，如今，這裡也是我在ＭＩＴ向大家做最後一次簡報的地方。對我來說，這間教室具有起承轉合的意義——八年前，它首次迎接我來到ＭＩＴ，八年後，它要送我走上新的旅程。

從這六樓的教室窗戶往外看去就是史塔特中心，八年來沒什麼改變。在初夏的藍天之下，白色鐵皮屋頂反射的陽光使我無法直視這棟建築物，但仍可感受到它不受傳統拘束的風格和魅力，猶如MIT靈魂的表現。

我站在空蕩蕩的教室裡，試圖假裝自己是八年前那個早十分鐘來聽課的人，試圖期盼我將認識的第一個同學及第一個教授的到來，試圖期盼那對於未知的憧憬。

然而，第一個認識的同學在兩年前已畢業回新加坡，第一個教授也已退休。八年來所有經歷與成長的體驗，頓時在我腦海中如排山倒海般湧現出來。

此時此刻，我終於了解IHTFP的真義了。過去我一直以為IHTFP是一個學生在愛和恨之間的擺盪，例如今天功課繁多，我超恨MIT的，但明天一考完，一切又是海闊天空。可是我發現，IHTFP的真義其實更加複雜，它代表的不是兩種極端心情之間的擺盪，而是同時在心裡共存，苦中帶甜，甜中帶苦。

既愛，又恨；既歡喜，又悲傷；既期望，又失落；既平靜，又激動；既是天堂，又是地獄；既想趕快畢業離開，又千百般依依不捨。在這兩極之中，唯一的常數就是無怨無悔。

歷屆的MIT學長姊在畢業前，都沒有好好地把這個IHTFP的縮寫向學弟妹們解釋清楚，並不是他們不善於溝通，而是那種五味雜陳同時湧上心頭的感覺，又何止能用三言兩語道完呢？

放下比較，創造自己的故事

在我呈交了論文之後，畢業前幾天，有位剛來史隆商學院的一年級生寫信表示想和我聊聊。我一開始以為他是對於 Takachar 有興趣，想加入計畫幫忙；在我當博士生時，已經面談過至少二十位像他一樣對一切都滿懷憧憬的新生。因此我在陳述完 Takachar 之後，開始詳細地問他的背景及志向。

可是他並沒有興趣深談他自己。「我大學畢業後在銀行業做了幾年，現在想轉到和環境維護有關的事業。」他說，「我的目的只是想聽聽你的故事，在MIT是如何辦到的。」

因此那場談話由他主導，從我在MIT各種不同的探索開始問起，如何在無意中看到了製炭的機會，並如何利用MIT不同的資源達成自己的目標。我們談了一個多小時，而他的問題也在我的腦海裡大略地繪出了這本書的輪廓及整體架構。

「可是，每個人的道路都不同。」最後我對他說，「我建議你在MIT自行探索，創造你自己的故事。不要一味地追求與我或與他人比較的道路。」

「這個我當然知道。」他說，「可是你大概不了解，身在MIT這麼高壓以及有時令人茫然的環境中，聆聽一個過來人的故事對我來說有著莫大的意義。」

這使我回想起我還是新生時崇拜彼得的感覺。其實那時我所渴望的，也是一個MIT過來人的故事。我想要知道來MIT的決定是對的，只要肯努力，也有可能像他一樣成功。

然而在這八年裡，不管我是否願意，幾乎沒有任何一個腳步是和彼得同步的。最後我發現，那已經無所謂了，因為我覺得最終能令我滿足的，是自己內在的學習與成長。我比較不在乎外來的認可。能在期刊上發表文章、在報紙上成名或得獎，雖然是對自己的一種認可，卻不是我工作的最終目標。而當我經歷了這一切之後，我可以想像，當初彼得看似成功，可是在他成功的背後必定有著比別人多了好幾倍的努力。

在我進入了博士生的中年危機時，我把原先對彼得的崇拜，轉換為我對於學術界外現實世界的憧憬。以前曾有人調侃我，說我的青春歲月有這麼多年一直在當學生，從來沒有體驗現實人生的精彩生活。當時我對於看似沒有盡頭的研究之路感到深深的徬徨，只想趕快畢業，在青春結束前進入現實世界去體驗人生百態。那時的我還同時在進修史隆商學院的課程，想藉此機會吸收一些少許的「現實人生」。

手腦並用的教育觀

以前我一直以為，學術界和現實世界是脫節的。但這並不是我所知道的ＭＩＴ。ＭＩＴ的座右銘是「Mens et manus」（「手腦並用」），其校徽代表的是工匠及哲學家的並用。因此本身的核心文化就是結合嚴格的科學教育與現實的應用。不管是去烏干達修理汲水機、在救護車上設計省油系統，或是透過各種管道以及人脈創業，ＭＩＴ始終幫助我腳踏實地做事，也大大增加了我對於ＭＩＴ之外的大千世界與現實人生的認知。

對我來說，這就是ＭＩＴ教育的精華。因為，世界上有很多重要的事物是無法透過教科書或授課來弄清楚的，而必須透過現實人生來釐清。例如我一開始進入ＭＩＴ時，十分沒有自信，覺得自己是一個毫無工程或創新經驗的「冒牌貨」，能夠申請上只是僥倖。我看了別人在ＭＩＴ打造的奇蹟，既嫉妒又羨慕，覺得那些奇蹟永遠是在自己的能力以外。

在ＭＩＴ的八年，我發現自己並沒有當初所想像的那麼笨拙或無能。對於自己的不足之處，ＭＩＴ會充分介紹其他專才與我合作、幫助我，最後我也創造了個人的奇蹟。在我即將步出ＭＩＴ的現下，我對於現實世界的多變不再惶恐，而是自信。雖然我仍有許多的不足，但是我了解如何透過自己或他人來截長補短，也能獨立地面對各種不同的機會和挑戰。

例如，我剛進入ＭＩＴ時十分害怕失敗。對我來說，失敗是一種恥辱，表示我不夠好。看到別人偶然的失敗，有時我也會替他們感到臉紅。在ＭＩＴ的八年，我發現失敗對於創新和創業來說是家常便飯。有時我透過失敗的轉型，學到的比成功的經驗還多。當然，沒有人會想去刻意失敗。如果不幸失敗了，我學會如何剖析，甚至分享，讓自己和別人不再重蹈覆轍。因此在步出ＭＩＴ之際，我深信人生是一種經驗累積的過程，成功也好，失敗也好，都無法完全為一個人的身價定位。只要自己繼續接受挑戰、學習、轉變，並發掘所有可能的潛力，這才是最終的目標。

我剛進入ＭＩＴ時十分懵懂，也不知道自己的人生想要什麼。有時候什麼都不想要，只想要一份安逸的收入，平平凡凡地度過一生。但在ＭＩＴ的八年，我發現了人生使命的意義。安逸的一生並不是一個糟糕的選擇，但是在沒有面對別的人生機會、做廣泛的探索及思考之前，是無權說這是人生的唯一目標。在ＭＩＴ給我的各式機會探索中，我偶然發掘到了激起熱情的人生使命。因此在步出ＭＩＴ之際，我理解了什麼是渴望及熱愛，也理解了它們在世界上長存的意義。

我剛進入ＭＩＴ時並不會領導別人。當我有了下屬，我時常把最繁瑣無聊的事交給他們去做，以便減少自己的負擔。每當事情出包時，我也是最常推卸責任的領導人，把錯誤全部怪罪給下屬。而在MIT的八年，我發現每個人都有自己的使命。領導屬下，是以鼓勵來發揮自己的潛能。當我在救護車隊做義工以及後來測試反應爐時，發現要勇於承擔責任、傾聽大家的意見、不斷地改進缺點，才是個有影響力的領導者。因此步出MIT後，現在每當我要雇用人，我首先會考慮的不單單只是別人可以為我做什麼，而是他們的生涯目標是什麼，以及我提供的職缺是否能幫助他們達成自己的使命。

我周邊有很多人以為，能去MIT讀書的人一定都是滿腹才華，是天生的發明家或數理天才。才華雖然有幫助，但最終只是在MIT受教育時所需要的一小部分。如同博士班的一位同事常常挖苦自己和別人，說：「能成功地在MIT這麼艱難漫長的博士班畢業的，不是靠聰明，而是這個人太笨了；聰明的人早就放棄不幹了。」聰明也好、笨也好，只要懷有好奇心、不怕失敗的韌性，以及帶有些許的理想主義，MIT所給予的一切教育可以是無與倫比的壯觀且令人驚豔。

結語

全新的開始

在畢業典禮後的那晚，我作了一個夢。

夢中，我坐在生物工程系的教室裡，一位白髮蒼蒼但面目可親的教授要給我們做博士資格考試。拿到了考卷，發現裡面有三個題目，都是生物實驗的設計問題。我已經好幾年沒弄生物實驗了，因此非常生疏，感到十分惶恐不安。想了許久，試卷仍是空白。

這時教授走到我的身邊，問我不是已經畢業了？

我想了想，的確如此。因此我站了起來，把他當成老朋友般聊起天來。考試瞬間變得不重要了。

必經的「死亡之谷」

夢醒之後，我在接近黎明時分的學生宿舍裡，看到房間裡椅子上掛著借來的博士袍，我鬆了一口氣。但心中也有幾分失落感……我不再是學生了，沒有功課或考試的壓力了。而在廣大的現實世界裡，我要何去何從，日後只能靠自己。

首先，我需要暫時從這個炭化的案子中抽身，好好休假三個月。我先花了一個半月的時間，趁著記憶猶新時寫完本書的第一稿。在二〇一七年八月，我也和新婚妻子去了瑞士及奧地利度蜜月。九月，我又回到ＭＩＴ。塔塔中心雇我做幾個月的博士後研究，希望我能為這個科技的商業化做更深入的釐清。

我發現，我的研發最重要的創新及貢獻，是設計了一個小型、便攜式、低價的連續式反應爐，可以放在拖拉機或驢車後面，甚至安裝在貨車廂裡面，載到不同的鄉間農田上，就地炭化農作廢物。目前，鄉間的農作廢物非常難以處置，因為這些廢物分布廣泛，光是運費就極為可觀。據我所知，世界上現在能量產的炭化反應爐都十分龐大且昂貴，無法適用於鄉間的廢物。因此，目前我正在研發的是一種獨一無二的可便利攜帶式設計。

在我畢業兩個月後，我收到印度一家公司的來信。他們表示，印度首都德里這幾個月的霧霾十分嚴重，有時連飛機都得停飛。他們說，農民燒稻稈之類的廢物是造成這波霧霾的原因之一。他們在報紙上讀了我的研究之後，期盼我所研發的反應爐能在德里附近運作，幫助當地稻農把他們的廢物炭化，因而減少焚燒稻稈所帶來的環境汙染。

另外一家農業工具公司也來信，想把我們的科技結合在他們的拖拉機上，以便幫助農民收成之時，亦可同時回收農田上的廢物。

同時，有些非洲及亞洲的農業加工廠也向我諮詢，認為這個炭化反應爐可以為他們農民的農作廢物帶來額外的收入。

以前我在肯亞和印度結交了一些小型固體燃料公司的朋友，其中很多人至今仍對我的反應爐垂涎三尺；他們現在炭化的過程仍十分倚賴人力，導致無法量產。而我的反應爐可以幫助他們達成量產的需求，並且提升燃料品質，降低製造成本。

因此，我持續收到各種不同的詢問。這對我來說，也印證了這項科技有其市場需求。可是面對環境汙染、農作廢物、燃料昂貴等諸多問題，我也感受到一種無形的壓力，想要趕快努力實現解決這些問題的方法。

目前我們的反應爐模型尺寸仍然非常小（直徑約十公分），每小時只能炭化最多兩公斤的廢物；在現實世界裡，一個反應爐應該要有至少數百倍的容量（約每小時幾百公斤的產能）。因此我的首要任務，就是把實驗室的模型以倍數擴大化。若再次測試成功，則再做一次倍數的擴大，才會有商業銷售的價值。在擴大化的過程中，我預料到會有其他設計上的困難及風險。但是完成博士研究後，我也變得更有自信，相信自己有能力面對這些挑戰。

但擴大化的過程至少需要幾年時間，而這項科技已經走出了學術界，不能無止盡地在ＭＩＴ孵化。於是我開始向外界募資。很多投資者聽到我做的是艱辛且漫長的能源企業，而不是一、兩年內就能迅速獲利的軟體公司，大多望而卻步。不知不覺地，我已經來到了很多能源企業必經的「死亡之谷」，這是當科技已經完成基礎研究、學術界不再繼續支持卻還存在著投資者無法接受的風險，因而卡在這進退維谷的窘境中。

人生的下一步路

這時，朋友推薦我去申請加州柏克萊國家能源實驗室（Lawrence Berkeley Laboratory）的 Cyclotron Road 計畫，美國能源部每年會撥出資金，資助早期能源公司跨過這死亡之谷。該計畫提供申請者兩年的薪水、一些研究經費，以及和柏克萊實驗室或加州大學柏克萊分校研究合作的機會。

由於我的研究項目是在印度或肯亞之類的發展中國家進行，一開始我抱著存疑的態度，認為我的研究項目不會受到美國能源部的青睞，但我仍然寄出了申請書。一開始，Cyclotron Road 的評審也不認為我的公司符合他們的條件，或許是看在我畢業於ＭＩＴ的份上，仍邀請我去面談。

在面談過程中，我遇見很多在美國能源界頂尖的專業人才。置身在他們當中，感到自己有些笨拙。我也從和他們的談話中發現，若是我的小型科技能先在已發展國家成功商業化，其實還是可以再繼續擴大化的，並且適用於北美或歐洲的大型再生能源、生物燃料、化學合成等企業。這是我以前從未考慮過的。我也參觀了柏克萊實驗室及加州大學柏克萊分校，和裡面的研究員談了一些合作計畫。

面談結束後，我變得很渴望能參加 Cyclotron Road 的計畫。可是有那麼多頂尖人才激烈競爭，我完全沒信心會被錄取。

因此在二〇一八年三月，當我收到錄取的電話通知時，簡直不可置信。一方面是美夢成真，另一方面又猶如當初收到MIT的錄取函時的質疑：他們會不會選錯人了？

但我這幾年在MIT學到的是，倘若真的選錯人，那是他們的問題，不是我的。我只要善用一切資源、做好自己分內的事，便問心無愧了。

因此，在本書問世之時，我也要開始我人生的下一步，未來兩年將在柏克萊、印度、肯亞等地繼續為我的科技商業化。而同時，若有必要，與MIT老同事的合作之門也是敞開的。最終，若是能成功，我也深自期盼，這項科技未來能造福美國以及其他已發展國家的再生能源業。

若這一切能夠美夢成真，我的公司將會量產這種反應爐，提供給偏遠的鄉間使用，也給當地居民將廢料利用炭化的過程轉換成現金的方法。而這家公司的名字是什麼呢？仍是Takachar。Takachar 是當初在肯亞要實現我創業夢想的公司名稱。Taka 是垃圾的意思，代表我們最初的史瓦希利根源；而 char 是英文的炭，代表我在MIT八年間所接受的不可思議教育，也是我公司的靈魂。

致謝

對我來說，這本書是心靈上的旅程。

首先我要感謝所有ＭＩＴ的朋友、同事、導師造就了這段奇特的教育經驗，以及能成全這本書的多元化材料。這八年來，我在ＭＩＴ體驗到很多，只可惜能寫進本書裡的只是其中一小部分。記得起稿時，我本來有很大的野心，想寫入更多研究過程、教書經驗、課餘的社團活動、朋友之間的互動以及日常生活等，但最後是以長度及故事的代表性為考量而忍痛割捨。對於沒能納入書中的互動，其實對我的人生及教育發展也是相當具有指標性。

其次，我要感謝家人及內人給予的支持。雖然有時他們對於我看似龜速的研究進展感到焦急，最後還是很有耐心且理解地鼓勵我走到博士之路的終點。開始寫本書時，他們也以犀利及務實眼光提供很多思路、語法及架構的建議。因為他們，我才能走到今天這一步。

本書的起始是我和幾個朋友或同事間的談話，包括鄭涵睿、田岳衢、牛勝雍、盛怡樺、張煥基及盧子軒。我十分感謝他們在繁忙中抽空和我聊天，並為本書給了高層次的建議。

煥基也透過張宛瑜小姐把我介紹給了遠流出版公司的盧珮如企劃、陳懿文副主編及王明雪總編，沒有他們多次的往返討論與督促，我想這本書大概久久不會問世。謝謝他們。

Beyond 014

MIT 最精實思考創做力

麻省理工教我定義問題、實做解決、成就創客

作者／宮書堯
圖片提供／宮書堯（除特別標示外）

責任編輯／陳懿文
特約編輯／劉慧麗
封面設計／賴維明
內頁設計編排／中原造像・蔣青滿、黃齡儀
行銷企劃／盧珮如
出版一部總編輯暨總監／王明雪

發 行 人／王榮文
出版發行／遠流出版事業股份有限公司
地址／臺北市 100 南昌路 2 段 81 號 6 樓
電話／ (02)2392-6899　傳真／ (02)2392-6658　郵撥／ 0189456-1
著作權顧問／蕭雄淋律師
2018 年 7 月 1 日　初版一刷

定價／新台幣 320 元

ISBN 978-957-32-8311-9
遠流博識網　http://www.ylib.com　E-mail:ylib@ylib.com
遠流粉絲團 https://www.facebook.com/ylibfans

國家圖書館出版品預行編目 (CIP) 資料

MIT 最精實思考創做力 : 麻省理工教我定義問題、實做解決、成就創客 / 宮書堯著 . -- 初版 . -- 臺北市 : 遠流 , 2018.07
面；　公分
ISBN 978-957-32-8311-9(平裝)

1. 企業管理 2. 創造性思考 3. 創業

494.1　　107009389